U0568371

余生很贵，请多指教

雾都摇篮／著

文匯出版社

图书在版编目（CIP）数据

余生很贵，请多指教 / 雾都摇篮著．— 上海 ：文汇出版社，2019.11

ISBN 978-7-5496-3025-7

Ⅰ．①余… Ⅱ．①雾… Ⅲ．①成功心理—通俗读物 Ⅳ．① B848.4-49

中国版本图书馆 CIP 数据核字（2019）第 217067 号

余生很贵，请多指教

著　　者 / 雾都摇篮
责任编辑 / 戴　铮
装帧设计 / 末末美书

出版发行 / **文匯**出版社
上海市威海路 755 号
（邮政编码：200041）
经　　销 / 全国新华书店
印　　制 / 三河市龙林印务有限公司
版　　次 / 2019 年 11 月第 1 版
印　　次 / 2019 年 11 月第 1 次印刷
开　　本 / 880×1230　1/32
字　　数 / 137 千字
印　　张 / 7

书　　号 / ISBN 978-7-5496-3025-7
定　　价 / 36.00 元

序言

余生很美，请勿浪费。可是，很多时候抛开客观因素，我们在不经意间也给自己套上了枷锁——我们太在意旁人的眼光，活在他们期待的状态中导致逐渐失去了自我。

在这个浮华的世界里，我们似乎都在被推着走。

学生时代，我们被推着猛劲儿地学习，立志一定要考上一流大学；大学毕业了，被推着考研、考公务员，因为这是自己以后生活稳定或者人生进阶的垫脚石；工作了，被推着向身边的成功人士看齐，买房、买车；年纪到了，被推着不得不去相亲。

似乎每次我们都恰如其分地踩在时间节点上，但扪心自问，这一切真的都是你想要的吗？

我们也曾想过“反抗”，想要为自己活一次，可还是敌不过别人的口舌，终究向现实妥协。我们开始怀疑，梦想是不是太远了，远到再怎么用力挣扎也够不着，所以，喜欢的事情就先放一边吧。

只是，你怎么可能甘心呢？

自从我的公众号开放以来，常常收到读者的各种留言，他们倾诉着各自的烦恼。笼统地说，大家的烦恼无非两类问题：一是如何合群，让所有人喜欢自己；二是想要改变，比如换工作，但又该如何面对旁人的目光、家人的不理解？

其实，想要解决这些问题，你只需要搞清楚：你是谁？你想成为怎样的人？

答案是，你只需要活出真正的自己。

正如作家伍绮诗在《无声的告白》中所说：“我们终此一生，

就是要摆脱他人的期待，找到真正的自己。”这也是我写作本书的初衷。

诚然，我们都生活在群体中，有适应社会的需要，但这并不代表我们要以牺牲自我为代价。因为惧怕旁人的目光，你不敢活出自我，甚至不敢有自己的想法，你只能把头深深地埋进沙堆中，做一只本分的鸵鸟。背着这样沉重的包袱，你可能永远都要小心翼翼地斟酌自己说的每一句话，在意别人的每一个微表情。

这真的很累。

无论你如何委屈自己，旁人的期待是没有尽头的，他们对你的要求只会越来越高。无论你如何力求完美，总会有人不喜欢你，因为你不可能被所有人喜欢。

那么，为什么我们不能够为自己活一次呢？

不管何时何地，请你永远不要因为任何人、任何事而厌恶自己，那是对自己最大的伤害。试着去接纳、喜欢每一个阶段的自己，不断地修炼，你定会绽放出独一无二的色彩。

别让世俗的眼光阻碍你的步伐，别因为世俗的眼光而委屈了自己。愿你温暖而平和，理性而包容，幸福而美满。

目录

Charpter1 你一定要奔跑，但千万别浮躁

Charpter4 未来的你，一定会感谢今天的断舍离

Charpter5 我喜欢自己本来的样子

Charpter1

你一定要奔跑，
但千万别浮躁

成年人的世界，情绪控制力与人生幸福指数成正比。所谓控制情绪，不是让你去忍耐、退让，更多的是去化解、释怀。

1. 别让焦虑害了你

这个时代，每个人都疲于奔波，忙着交际、忙着赚钱。可是，我们依旧摆脱不了对未来的焦虑，因为我们的人生在拥有与失去之间不断更迭，我们似乎总有解决不完的问题，导致烦恼就像一个无底洞，没有尽头。

电视剧《夏至未至》中有句台词我很喜欢："人不能活在未来的焦虑中而忘记了眼前的路，也不能因为急于求成而放弃选择的权利，我们要感谢命运从来不公，但也待我们不薄。"

其实，焦虑是生活的常态，但持续焦虑会拖垮自己，越焦虑越寸步难行。

前段时间李冉特别焦虑，为此头发也掉了不少，起因是公司的发展不理想，准备裁员。而最近，李冉又因为在某些事情上跟主管有争执，接到裁员消息后有些惶恐。如今她已为人妻母，承担着家庭重担，如果失去这份工作，仅凭丈夫一个人上班，光是每个月的房贷就会让小两口喘不过气来。

人呢，压力一大就容易胡思乱想，李冉就是这样。因为忧思过度，她的工作状态很差，反倒把就要到手的单子给搞砸了。这下子，领导肯定要借此解雇自己了吧？她正想着，主管让她来办公室一趟。

走进主管的办公室，主管倒是和颜悦色，可李冉一副谨小慎微的样子，说话也支支吾吾的。主管和李冉是多年的工作伙伴，对她还算了解，也明白裁员对她来说肯定是一种压力。

“小冉，最近你是不是太累了，要不我给你放几天假？”

其实，主管是好意，李冉却误以为这是解雇的信号，连说自己不累——可疲惫的神态都写在她的脸上了。

“小冉，不是我说你，累了就休息一下，我也不是不通情理的人。我知道，你肯定是在忧心公司裁员的事吧？其实，你也别想太多，裁员是事实，可你在公司的表现大家都有目共睹，裁员的问题你不必担心。但是，最近你的工作状态有问题，你自己应该知道吧？如果继续以这种状态工作的话，你的工作效率会大打折扣的。”

主管一番劝慰，希望李冉可以调整好自己的状态。

李冉没有接受主管让她休息的建议，没多久，她便生了一场大病，被迫暂停工作。

倒也是生病这件事让她想明白了，拖垮自己身体的不是高强度的工作，而是焦虑——她总是杞人忧天，担心一些也许根本不会发生的事，无形之中就像给自己上了枷锁，让负重前行的自己疲惫不堪。

焦虑其实是一把双刃剑，就看你怎么用了。

在人生的重要阶段，大部分人难免会焦虑，但焦虑并非绝对是坏事。你之所以焦虑，是因为对现状不满。但是，当你长期陷入焦虑状态，焦虑便会成为伤害自己的利器。

通常来说，毕业后的前三年对我们的职业规划非常重要，在这期间多数人会定下未来的职业方向。但凡事不是一成不变的，当你觉得自己的职业轨道走偏了，就可以选择转换跑道——转行。

其实，很多人都有过转行的念头，但一想到可能会遇到的困难或者要付出的代价，便又陷入焦虑，停滞不前。

苏莉是朋友中特立独行的姑娘，在某公司待了5年，可在28岁的时候她还是毅然决然地离职了。

从小，苏莉的动手能力就很强，喜欢制作一些小物件，酷爱绘画。一直以来，她的梦想就是成为一名设计师，只是当初家里人不支持，她才没能继续自己的梦想。

一次偶然的机会，苏莉走进了设计行业的圈子，重燃了梦想的火焰。

在朋友的推荐下，苏莉得到了一个设计助理的职位。在最初的日子里，她也常常焦虑——一切从零开始，曾经的工作经验全部归零，自己不熟悉设计行业，看不清未来的路。

怎么办呢？苏莉深知，无论如何自己也躲不过间歇性的焦虑，那不如先别想这么多，尽自己最大的努力去做事，也许那样就能够离梦想更近一些。

工作时间，她认真完成经手的每一个案子，与同事、领导多沟通交流；业余时间，她报了不少课程，参加了很多业内举办的活动，还经常向前辈请教经验。慢慢地，她似乎找到了一些设计的门路。随着情况的好转，她的焦虑频率也越来越低。

如今，苏莉已经成为部门里的设计大拿。对她而言，一切都在朝着梦想的方向前进。

所谓焦虑，本质上是一种自我怀疑。那就是不满足于现状，希望做出改变，但又怀疑自己能否做到。有时候，焦虑是我们面对未知的本能反应。可是，如果放任不管，焦虑一方面会伤身体，另一方面也会拖慢自己的人生进度。

有人说，当你的才华撑不起自己的梦想时，你便会焦虑。

回忆一下这些瞬间，你是否常常因自我怀疑而陷入焦虑：辞职后没有找到更好的工作的时候，工作多年依然没有做到管理职位的时候，即将结婚或者生育孩子的时候，在生活中看不到希望的时候……

你也曾经无数次地在深夜里辗转反侧吧？但一切真的会变好吗？

因为对未来的不确定，我们会焦虑；因为转换角色后不适应，我们会焦虑；因为各种经济、家庭的压力，我们会焦虑。似乎在每一个关口，我们都不可避免地会焦虑。

你发现没有，当你向生活妥协的时候，焦虑就会乘虚而入。长此以往，你的焦虑可能会拖垮自己。

纵使产生焦虑的原因有千万种，可焦虑导致的结果只有一个——越焦虑，越寸步难行。那么，最简单直接的解决方法就是：面对焦虑。

对于未来，你要敢于迈出第一步，可以针对具体情况做个大致的规划。但在行动前，请你不要想太多，因为那会给自己制造很多障碍。行动后，遇到困难别放弃，尽力去解决问题。

2. 戒了吧，拖延症

如果说持续的焦虑会让你寸步难行，那么，间歇性的拖延会成为你生活中的致命杀手。

你可曾有过这样的经历：毕业论文一拖再拖，工作任务常拖到 deadline 才肯动手，甚至连日常生活安排也是拖拖拖。就这样，你错过了很多事情，生活也在一点点地失控。

拖延，看起来似乎只是一件小事，虽不致命，却也能慢慢地吞噬我们的未来。正如狄更斯所言："今天能做的事，决不要留到明天。拖延乃光阴之窃贼，要抓住他！"

"我失业了。"

电话那头的王涵泣不成声，我细问之下才知道，她初入职场却因为拖延症耽误了工作而被解雇。

王涵一毕业就进了一家广告公司，负责团队的文案策划。无论是文案创意还是沟通交流，她都是这批毕业生里数一数二的，也是领导重点培养的对象，所以很多重要案子都会交给她去做。

只不过，从上大学开始王涵就养成了拖延的习惯，很多工作总喜欢踩点完成，到 deadline 才提交。

过去，王涵手里的案子都不大，她咬咬牙加个班倒也不影响整体工作进度。可这次偏偏赶上公司最忙碌的时候，手里几个案子交叉进行，客户那边又追求完美，因为她的拖延最终没能交给客户满意的方案，自然难逃被开除的命运。

其实，失业并不可怕，只是拖延的毛病若不彻底根治，这样的后果便不会断绝。

习惯拖延的人，工作效率低，避免不了常常加班，也会影响自己的生活质量，生活肯定会是一团乱麻。

我曾经也是一个重度拖延症患者。

记得刚刚学习拆书[①] 的时候，我拆的第一本书是一部历史小说，每次收到老师的修改意见后，我总要拖很久才会交上修改过的稿子，前前后后花了几个月的时间才拆完第一本书。

当时我的确忙于工作，可更重要的是，拆书对我来说本是一个新的挑战，我却一直苦于找不到方向，有些难以下笔，但是越拖延，我就越痛苦。

那段时间，我整个人的状态都不好，好像有一块巨大的石头

① 领读人或作者将一本书的精华内容拆成几部分，在一周时间内，带领更多的人一起读完这本书。

压着，我总是心神不宁的。

后来，在老师和闺密的鼓励和帮助下，我一点一点地克服了拖延症。

我先去寻找解决问题的方法，多研读案例，多与老师沟通，慢慢地找到了感觉。我沉下心来认真写稿，这一次提交的稿件最终得到了老师的肯定，加速了我的过稿进程。

之前我有过截稿日一口气写一万多字的经历，我深刻体会到了踩点完成任务的弊端。如果想要完成一件事情，靠临时抱佛脚是不够的，我们需要循序渐进，保持一种稳定的状态。

为了改掉拖延的坏习惯，我开始注重时间管理，制订了每日看书、写稿的计划，并严格去执行。保持了一段时间后，当某些事情成为习惯，拖延症也就悄无声息地离我远去。

拖延是有毒的，习惯一旦养成，便会渗透到生活的方方面面，危害极大——小到因为拖延误事，工作效率大打折扣，加重自己的心理负担；大到因为拖延失去一生中许多重要的东西，到时后悔已晚。

蒂莫西·A.皮切尔在《战胜拖延症》一书中指出："拖延症是一种明知道会影响自己做事的效果或者自身做事的态度，却仍然自愿推迟既定事项的行为。拖延症是一种不必要的自愿推迟。"

事实上，每个人几乎都有不同程度的拖延症。很多时候，不是你想要拖延，而是那种惯性操控着你，让你摆脱不了。难道你要向可怕的拖延症屈服吗？你甘心吗？当然不。

想要对症下药，就要找到病根——你拖延的原因究竟是什么？

很多人说是因为懒，这当然是原因之一。但究其根本，无非两种情形：一种是你认为这件事没有那么紧要，临时抱佛脚也来得及；一种是你对这件事没什么信心，不知道从何入手，其实就是在逃避。

对于第一种，可以说是故意拖延，那我有一句话送给你：今日事，今日毕。有人说，当你意识不到拖延的弊端时，你便不会去解决它。或者说，你还没有因为拖延而失去重要的东西。对此，我的建议是：如果这件事对你来说非常重要，那就不要拖，以免后悔。

对于第二种，如果你确定自己愿意接受挑战，那么我同样送你一句话：别怂，别拖。

很多时候，一件事成功的概率很大程度上取决于你自己：相信自己，然后去寻求解决办法。坚持下去，有些路可能走着走着就通了。

当然，如果经过很长时间的尝试你依旧一筹莫展，那么，你也别拖，你可能需要重新做定位。

简·博克在《拖延心理学》一书中指出："当一件事或者一个目标，其时间设定在很远的将来（比如为孩子储蓄大学教育基金，或者为自己创建一个适当的退休金账户），那么它就会给人一种不真实的感觉，从而使这件事看上去没有它实际上那么重要。相反，一些时间很近的目标（比如为周末观看决赛购买一台大屏幕电视机）则感觉上更为清晰而紧迫。”

所以，若是因为设定的目标太高让你压力过大，不妨换一个够得着的小目标，先恢复自己的信心，然后再做长远的打算。

不拖延、不退缩，你能够将未来掌握在自己的手中。亲爱的，别让拖延症主导你的人生，最后拖垮你。

3. 别做那只迷途的候鸟

你知道这个世界上最可怕的是什么吗？不是现在的你一无所有，也不是你又一次被同龄人反超，而是你不相信自己，并且总在否定自己。

曾经火爆朋友圈的文章《你的同龄人，正在抛弃你》，想必也曾戳中过你的痛点吧？你可能在想：同样的年龄，为什么别人可以在职场上叱咤风云，自己却那么不起眼呢？

你可曾因为同龄人的反超或成功而否定过自己？

小黎曾经是学霸，并且性格平易近人，总能与身边的人打成一片。毕业之后，他家遭遇了变故，工作也不是很顺心。

一次同学聚会，看到那些曾经成绩不如自己的同学如今过得风生水起，小黎的心里难免有了落差。那一刻，在聚光灯的照耀下，同学们的光芒是如此刺眼，自己与别人的差距是如此明显。他黯然失色，觉得自己太失败，便悄悄地提前走了。

因为上学时关系不错，我与小黎的联系最多。后来，小黎将自己的烦恼告诉了我，我分析了一番，得出一个结论：这是存在感在作祟。

上学的时候，学习好的同学是“天之骄子”，他们会觉得自己非常厉害，而那些成绩一般的同学在他们眼里就很不起眼。所以，当学霸转身发现曾经不起眼的同学如今是那么耀眼，就会生出一种挫败感：“天啊，我怎么混成这样了，连当年那些学渣都比不上呢？”

据我了解，如今小黎是一家公司的管理人员，年收入并不低，只不过，比起有些同学就略显逊色了。

我告诉他：“你完全没必要否定这些年自己的成长和努力，别人是别人，你是你，每个人的人生轨迹本来就不同。”

同龄人也好，同学、朋友也罢，别人能够反超或者成功，一定在某方面有着得天独厚的优势，或者付出了更多的努力。所以，别低估别人，也别看轻自己。

别人的成长速度快，不一定说明你没有成长，你没必要因此否定自己。如果你一定要在比较中才能够看到自己，那么，你的成长是快不了的。因为你永远只能追逐他人的脚步，所以总会慢一拍。

读者小锦近来也有类似的苦恼：“我都 24 岁了还是一事无成，我一直在被身边的人反超。”

小锦是个很努力的姑娘，她想靠自己的能力打下一片天地，早日实现财务自由。但她似乎总是差了那么一点点，于是她开始怀疑是不是自己的能力不行。

因为爱好写作，也想在业余挣点钱，小锦一直给公众号投稿。但坚持了一段时间后效果并不显著，她有些急躁了，想放弃。

从她的言语中，我看出了她的焦虑。可是，24 岁的她明明很年轻，为什么那么急于求成呢？

生活压力大是一方面，更重要的是身边朋友的反超带来的影响，让这个姑娘开始怀疑自己。听多了别人“二十几岁的年纪，早早实现了财务自由”，可为什么自己就不行呢？

不是你不行，而是你太着急了。

这个世界上没有任何一种成功是一蹴而就的，每个人都需要成长，需要磨炼，需要积淀，你应该给足自己时间，不要盲目去追逐别人的脚步。那么，成长要以什么为衡量标准呢？

很多人喜欢与同龄人比，可是你们除了年龄相仿，成长轨迹、人生经历、个人能力几乎都不同，这样盲目去比较，除了让自己徒增焦虑外，没有任何意义。

最公平也最科学的那把尺子就在你手里，那就是与自己比。只要你的今天比昨天进步了一点，明天又优于今天，你就是在不断地进步和成长。待积累由量变达到质变的那一瞬间，你自会大放异彩。

当你不再与旁人一较高下的时候，才是你火力全开的时候。

奔跑吧，少年，或许跑着跑着你就跑在了最前面。

同龄人成功了，你还是那么普通，那么，你就是被同龄人抛弃了吗？反之，如果同龄人犯错了，你也要去犯错吗？你只是千万个同龄人中的一员，那些成功或者失败的同龄人都无法代表你。

你口中那些成功的同龄人，许是天赋异禀，家境优越；许是经历坎坷，付出了你想象不到的代价——你们过着两种截然不同的人生。所以说，别人的成功是别人的，你的进步和成长才是需要自己重视的。

成功的模式并不单一，不是只有坐拥名利的人才配得上“成功”二字。

在我的眼中，只要是不断进阶、不断成长的人生，就是成功的。当你有权利去选择过怎样的人生，凭借自己的努力把生活打理成想象中的模样，就已经很成功了。

对于成功，每个人的理解不同，每个人要走的路不同，沿途所见的风景不同，要到达的终点也会不同。既然如此，你何必用别人的成功来衡量自己呢？你的每一次磨炼、每一次成长，自己难道看不见吗？

纵使同龄人的成功有十万种原因，但这些都不是你否定自己的理由。当你开始否定自己的时候，不是同龄人抛弃了你，而是你自己已经缴械投降了。

思维决定格局，格局决定成败。

我们要把眼界放宽一些，如果一味地去追逐别人的脚步，急于求成，你的成长速度反而会很慢——不仅追不上同龄人的脚步，到头来可能连你本来拥有的东西都会失去。

如果同龄人的反超或成功让你感到了压力，不如化压力为动力，学习别人优秀的部分，弥补自己的短板。或许这才是最健康的人生态度。

人这一生，说长不长，说短不短，别把宝贵的时间和精力浪费在无谓的追逐上。如果你还在因同龄人的反超或成功而感到纠结，或许是你的生活还不够充实——人生就像升级打怪，步步进阶，哪有时间和精力去思虑其他?

别因为同龄人的反超或成功而否定自己，你需要做的只是找准人生方向，确立目标，一步一个脚印地去走好自己的路。每天进步一点点，不断地打磨自己，终有一天你会遇见只属于自己的那道彩虹。

稳住，你可以的。

4. 你只是需要一点钝感力

以前，我常听长辈说“吃亏是福”，但总是不以为然。后来，我才明白话中的深意——有些事，你不必在意；有些人，你不必较真。到头来你会发现，与人计较是在为难自己，你得到的不过是一些烦恼罢了。

成年人的世界，情绪控制力与人生幸福指数成正比。所谓控制情绪，不是让你去忍耐、退让，更多的是去化解、释怀。

少一点在意，多一份释怀，你的生活才会越来越高级。

一天下午，我乘坐公交车去市区办事，因为近来睡眠不好，上车后不一会儿就睡着了。后来我被周围的嘈杂声吵醒，睁开眼才发现，一位阿姨揪着一个小姑娘的头发在不依不饶地教训着，旁边的人一直劝阿姨算了，可她就是不放手。

原来是这个小姑娘一时没站稳，不小心踩到了阿姨。小姑娘也不是很会说话，道歉后嘴里还念叨了几句。这下阿姨就急了，非要好好教训一下她，于是就有了我看到的那一幕。

我打量了一下阿姨，看她也不像是那种不讲理的泼妇，倒是满脸的倦容。我想她可能是太累了，就站起来说：“阿姨，你是不是站累了？要不坐下来歇会儿吧，我这马上到站了。”

阿姨说了声谢谢，坐下来的同时也把手收回去了，没几分钟就靠着窗户睡着了。

小姑娘松了口气，连忙道谢，说早上她跟老板发生争执，心里窝火得很，刚才说话确实没注意分寸，也不能全怪阿姨。

是啊，有时候人太累了就容易上火。其实，有些争执说来都是芝麻小事，可是脾气一上来就控制不住了——其实两个人都挺通情达理的，只是一个太累，一个憋着气，遇上就擦枪走火了。

临下车的时候，我看到阿姨睡醒后跟小姑娘互致歉意，然后熟络地聊起天来，那画面还是很温馨的。

生活里类似这样不必要的争执有很多，我们往往是“只缘身在此山中”，一味地较真，纠缠于矛盾本身，但这样只会怨气丛生。所以说，退一步海阔天空。

有时候，遇到争执你可以换个角度想问题，当你能够体会到别人的不易时，也许你们的矛盾就化解了。试想一下，在你生气的时候，能够得到旁人的一丁点温暖，你会不会怒气全消呢？

婆媳关系是一道难题，以前小静和婆婆也有过矛盾，现在她们的关系已经变得十分和谐。

小静是那种上得厅堂、下得厨房的女人，可是，婆婆对她还是诸多挑剔。起初，小静也无法忍受，老公夹在两个人中间左右为难，但自从小静回了趟娘家，她和婆婆的关系发生了微妙的变化——婆婆一如既往地找事，她呢，完全不接招，只是听着婆婆埋怨，有时候还会故意岔开话题干自己的事。

婆婆自己唱独角戏，时间长了也觉得没意思。

其实，在回娘家的那段时间里，小静也在思考——这样紧张的关系到底该怎么缓解？她想了想，其实婆婆也很不容易，她每一次挑刺儿只是想要有人陪陪她，哪怕吵架也是好的。加上自己在某些方面不能理解婆婆的意思，她就觉得她们俩的沟通方式有问题。

想通了这一点，每次婆婆数落自己的时候，小静都不再上火。她经常会在征求婆婆的同意后，带着她做一些女人感兴趣的事情，像是逛街、美容等。

一天天过下去，婆婆感受到了儿媳妇带给她的温暖，也慢慢地卸下了防备。如今，两个人不再势如水火，甚至开始有些推心置腹了。

在小静看来，婆媳不是天敌，而处理问题也没有那么难，只要将心比心，就会消除芥蒂。说到底，不是纠结于矛盾中，而是去引导对方敞开心扉，真诚地沟通。

其实，很多事情并不复杂，只是我们思虑过多把事情搞复杂了。家人之间也好，陌生人之间也罢，原本没什么事是非要争个你死我活的。有人的地方就会有矛盾，可人也是矛盾的天敌，因为人有心，心会化解一切矛盾。

人的执着或者在意，就是矛盾生存甚至爆发的温床，你若是看淡矛盾本身，可能矛盾也会溜之大吉。如果总是过度在意矛盾本身，你将会得到什么呢?

是烦恼，无穷无尽的烦恼会扑面而来。可能只是跟家人、朋友拌嘴，你就会难受好几天；也许同事说了些难听的话，你就耿耿于怀；或者一个陌生人无意间撞到了你，你就骂骂咧咧的。

适当地发泄当然没问题，可如果你总是沉浸其中，烦恼只会越来越多，像滚雪球般越滚越大。长此以往，你会形成一种“癌症性格”——爱较真，碰到一点儿小事情就焦虑，喜欢把事情憋在心里；习惯压抑自己的真实想法，事实上却在生闷气；往往心理脆弱经不住打击，总觉得孤独、无助。

想要克服“癌症性格”，你需要一点钝感力。

“钝感力”一词由渡边淳一在《钝感力》一书中提出：“所谓钝感力，即迟钝之力，亦即从容面对生活中的挫折伤痛，而不要过分敏感。当今社会是一个压力社会，磕磕绊绊的爱情、如坐针毡的职场、暗流涌动的人际关系，种种压力像有病毒的血液一样逐渐侵蚀人的健康。钝感力就是人生的润滑剂、沉重现实的千斤顶：具备不为小事动摇的钝感力，灵活和敏锐才会成为真正的才能，也才能让人大展拳脚，变成真正的赢家。”

关于烦恼，有一位哲人说：“一生中烦恼太多，但大部分担忧的事情却从未发生过。”

看吧，原来我们一直都在自寻烦恼。

每个人似乎都在自寻烦恼：姑娘们为了爱情能否长久而烦恼，小伙子们为了买房、买车而烦恼，妈妈们为了产后身材变形而烦恼，爸爸们可能会因为公司裁员而烦恼。然而，这些烦恼无论是已经发生的，还是有可能发生的，都不会因为我们烦恼而消失。

早些年，我曾经遇到过一位很好的领导，在他那里我第一次了解到什么是格局：“当你受到欺负的时候，你应当反击，但一次足矣。你不要让自己陷入‘报复’的旋涡，因为那只是在浪费时间、徒增烦恼。而你，还有更重要的事情要去做，没必要纠缠于小是小非上。”

直到今天，这句话我依然十分受用。这可能就像路遥在《平凡的世界》里所说：“人之所以痛苦，在于追求错误的东西。如果你不给自己烦恼，别人也永远不可能给你烦恼。因为你自己的内心，你放不下。好好管教你自己，不要管别人。”

烦恼与放下仅在一念之间，你放下了烦恼，或许就迎来了新的机遇。面对生命中出现的种种烦恼，我们是时候换一种方式与之相处了——如果做不到握手言和，那就相视一笑，至少你可以选择无视，选择淡忘。

少一些在意，多一些释怀，或许人生的通道会被重启。

5. 心态好的人，运气不会太差

这个世界上有两种爱笑的人：一种，命运对于他们总是格外眷顾，他们的生命里似乎只有阳光，从小到大顺风顺水；另一种，无论生命馈赠的是礼物还是意外，他们照单全收，不抱怨、不退缩，风雨无阻。

“爱笑的姑娘，运气不会太差。”这句话曾经一度火遍网络。因为心态好，所以她们看风、看雨、看彩虹皆是最美的模样；因为心态好，所以她们觉得一切人和事都很好，常常笑容满面，连命运也不忍心伤害乐观的她们。

于薇，一个经常满脸笑意的女孩子，她的身上总散发着一种魔力，让你忍不住想去靠近她。她总是一副笑盈盈的样子，公司里的同事喜欢跟她开玩笑，她从来不会因此而生气。

不熟悉于薇的人，会以为她是“温室里的花朵”，没有经历过挫折。事实上，从小到大，她的人生几乎没怎么顺遂过。

于薇常常开玩笑说自己是“考砸小能手”——中考考砸、高考考砸、研究生再次考砸。无论平时怎么努力，基本功再扎实，一遇到大考，她都会受外界因素的影响导致考砸。

高考的时候，于薇在考场上被肚子痛折磨得脸色惨白，强忍着痛答完题，结果考试成绩不理想。研究生考试的时候，她的遭遇就更加狗血：拆试卷时，手不小心被小刀片划伤了，血流不止，经监考老师简单包扎后，她忍着疼痛完成了考试。可惜的是，她又一次与梦想擦肩而过。

但种种挫折并没有打败于薇，反而让她这朵花儿开得更艳。

虽然读研究生的愿望落空了，但于薇没有气馁，马不停蹄地参加学校招聘会。这一次命运终于对她笑了，她身上的那股子闯劲儿吸引了 HR 的目光，凭借自身出色的专业能力和优秀的面试表现，她如愿进入自己向往的一家公司工作。

于薇说，也许考研失利对她来说是件好事，因为自己根本就不适合做研究——比起读书，她更喜欢靠自己的聪明才智在工作中去磨炼、去成长。

于薇的笑容有魔力，仿佛能给人一种治愈的力量。她说，身边的每个人都是上天派来的“天使”，能看到“天使”的自己得有多幸运啊，不笑都对不起大家。

她似乎总有本事把一些霉运转化为小确幸——手机丢了，她说这是“大喜”，因为终于有借口换新手机了；房租涨了，她并没有愁眉苦脸，而是说升职加薪又有动力了；就连遇到棘手的案子、难缠的客户，她也都觉得是对自己能力的历练。

心态决定成败，于薇视每一次的遇见为惊喜，把每一次的挫折当作上天对自己的考验，所以，她的每一天都是充实而快乐的。

于薇积极努力，却从不急躁。前不久，她在季度升职考核中脱颖而出，几乎全票通过——因为她拥有优秀的工作表现和好人缘，而这些都是好心态一点点积攒起来的好运。

在不到两年的时间里，她实现了升职加薪。你看，拥有好心态才是好运的开始。

我想起电视剧《微笑 pasta》里面的一句台词："笑一笑，没什么事情过不去。"是啊，你对自己微笑、对命运微笑、对身边的每个人微笑、对所有的挫折微笑，时间一长，连那些霉运也都不好意思来给你添堵了。

杰克·坎菲尔德对吸引力法则做出过完美的诠释："吸引力法则就是——你关注什么，就会将什么吸引进你的生活，任何你给予能量和关注的事物都将来到你身边。因此，如果你坚持关注生活中美好的、正面的事物，你就会自动地将更美好和正面的事物吸引入你的生活；如果你关注不好的和负面的事物，那么更多不好和负面的事物就会被你吸引过来。"

因此，你必须拥抱正能量，远离负能量。

听到那声熟悉的叹息，我便知道是徐燕来了。

徐燕还是那么漂亮，也依旧多愁善感。这虽是她回国后我们第一次见面，但我们聊起天来依然亲切。

徐燕说到在国外的生活非常美好，又聊到回国的无奈。回国后的她似乎一下子失去了重心，一开始求职不如意，后来与同事相处得不是很融洽，甚至跟男朋友的关系也出现了问题。

她满腹的牢骚和委屈，说自己出门被猝不及防的大雨拦截在半路上，坐地铁却出了线路故障，约会时对方又临时爽约……她就像一个失宠的公主，总觉得生活处处与自己过不去，到哪儿都走霉运。

在灯光的作用下，她脸上的愁容若隐若现。我很想说点什么，却不忍心打断她。

其实，徐燕的问题就是心态没有调整好。耐心听徐燕发完牢骚，我岔开话题，追忆起学生时代的美好时光，至此她脸上的愁容才一点点地消散。趁她心情扭转，我建议她试着把心态调整好，也许好运能自己找回来。

与同事关系不好，那就找找根源，促进沟通；业务进展不顺，那就多啃啃案子，与上司、客户多聊聊；跟男朋友关系出现问题，那就坐下来好好谈谈，看看问题出在哪儿……总之，遇到问题就积极去解决，自怨自艾是最没意义的事情。

几个月后，徐燕给我打来电话，我想，她可能找回了自己之前的好状态。果不其然，她终于捋顺了思绪，找回了原来的自己，生活也慢慢走上了正轨。

心态，看起来是那么微不足道，却是我们最不该忽略的。

你发现了吗？如果你总想着积极的一面，事情似乎就开始向好的一面发展；如果你只是一味地抱怨，生活只会变得越来越糟糕。正如拉伯雷所言："生活是一面镜子，你对它笑，它就对你笑；你对它哭，它就对你哭。"

身边的朋友最喜欢问我一个问题："你为什么特别乐观，似乎没什么事情能够让你烦恼？"

其实呢，谁都会有烦恼，我也不是那个集万千好运于一身的姑娘。但我相信，再大的风浪、再多的磨难，只是为了让我可以更好地成长，我愿意接受考验。

怨天怨地也好，怨生活也罢，有时候我们难免会有一些负面情绪。只不过，随着时间的沉淀你会发现，抱怨是没有用的，除了让自己深陷这种情绪中无法自拔，对你的未来几乎没有任何裨益。

生活总要继续，与其抱怨生活，不如收拾好心情重新出发；与其唉声叹气，不如去寻求解决办法；与其负能量爆棚，不如调整好自己的心态，做个快乐的小太阳，在照亮别人的同时也温暖自己。

生活处处有惊喜，当你越来越积极乐观的时候，你的身边已经聚集了许多正能量，幸运女神也一定会眷顾你。

心态好的姑娘，运气都不会太差。

6. 你一定要奔跑，但千万别浮躁

我们真的是很幸运的一代人，这个时代的物质更加丰富，思想更加开放，每个人也就有了更多选择的机会。

同时，这也是一个快餐化的时代，我们都太过急躁，想要走得快一点，再快一点，甚至渴望一夜暴富、一夜成名。只不过，太急躁了，你要么会失去初心、失去底线；要么会因盲目追赶他人而迷失方向，导致成长变得缓慢。

年轻人，请别那么浮躁，如果走得太快，就会错失沿途的很多风景。

还记得抖音上那个名叫“温婉”的姑娘吗？她凭借一条短视频，便轻松获得数千万点赞，一跃成为新一代网红。17岁的年纪，年轻漂亮，受到关注后带来的流量变为源源不断的金钱，她似乎成了无数青少年羡慕的对象。

如今，越来越多的青少年一心想成为网红、明星，原因在于他们觉得网红、明星有名、有钱，要什么有什么。你看，他们的价值观还没来得及形成，就已经被这个处处充斥着功利的世界给扭曲了。

其实，想要赚钱没什么错，每个人的经济压力那么大，多赚点钱总是好的。但问题在于，你通过什么方式去赚钱？

对年轻人来说，他们容易浮躁，容易迷失，容易失去判断。你是选择凭借自己的能力沉淀下来，一步一个脚印地去奋斗、去积累财富，还是只图眼前的利益，想着如何赚快钱并不考虑后果呢？

前者或许赚钱速度会慢一些，但走的每一步都是稳当的，终有一天你不一定会富甲一方，但终能儋石之储。

刘瑾一直后悔当初所做的一件事。

三年前，在朋友的推荐下，刘瑾进入了一家广告公司。因为他工作能力突出，公司领导想要派他去带领新团队，然而中间出了点小插曲就将此事搁置了。

谁知刘瑾撂挑子不想干了，懈怠工作。当时，他自以为积累了几年的工作经验，可以由着自己的性子来。现在想来，若是当时他能够沉住气，再多历练几年，想必以他的聪明才智，成就要远高于如今的自己。

因为意气用事，刘瑾被公司辞退。迫于生计，他选择进入一家薪资待遇一般的小公司工作，与前公司相比，平台的发展可以说是相形见绌。

慢慢地，刘瑾觉察到了自己的决策失误。在这个过程中，他总算意识到了沉淀的重要性，学会了踏实地去做好每一个环节的工作，戒骄戒躁，平和处事。

想起当年自己临走前部门经理说的一番话，刘瑾感触至深："如果想要在一条道上走得更远，需要才华和勇气，更需要沉淀。年轻人，别那么浮躁。"

仔细回忆一下，谁年轻的时候没浮躁过呢？我们总想着工作几年就能月薪过万，就能成为业内的佼佼者，却忘了成功没有速成法，揠苗助长只会让事情变得更为复杂。

当你遭遇瓶颈的时候，不妨静下心来思考一下，自己是否跑得太快了？其实，放慢节奏会有更多的收获。

读者中常会有人留言，问我如何在短期内赚取更高的稿费？这个问题，我一时不知道该怎么回答。

稿费的高低，与你的写作能力是成正比的，那么，这个问题可以转换为：如何在短期内提高写作能力？如果把写作当作一项工作的话，与其他工作是一样的，你需要去熟悉业务，需要不断地积累工作经验，需要沉淀。

就像著名的"一万小时定律"，你想要成为某一领域的专家，需要累计工作时间达到一万小时。如果按照每天工作 8 小时来计算的话，每周工作 5 天，大概需要 5 年的光景。

但要注意，当写作充当变现手段的时候，我们的注意力就容易跑偏。

其实我也一样。曾经有一段时间我对公众号的粉丝和阅读量特别执着，每次更新后，隔一段时间就要去看看数据。这大大影响了工作效率，我变得有些浮躁了。

后来，我决定沉下心来，好好历练自己的文字。于是，我把注意力重新聚焦在如何写出更好的故事上，暂时放下了数据。

经过几个月的努力，我惊喜地发现，在提升写作能力的同时，公众号的阅读量和关注度开始有了起色，也陆续接到一些广告。我的上稿率和约稿机会也变得多了起来，稿费也有了提高。

你看，提高写作能力和变现这两件事其实并不冲突，但你一定要先做好充足的准备和积淀，如此，这条路才能走得更远。如果一开始就陷入变现的旋涡中，你可能会迷失方向，反而无法快速成长起来。

“欲速则不达”，事物的发展都有规律，成功急不得。在这个浮躁的世界里，我们特别需要沉淀，因为太过浮躁会让你的眼前充满迷雾，会让你失去方向。

浮躁会使我们更为看重效率，渴望自己的付出能得到立竿见影的效果：报一个学习课程，恨不得一下课就能马上赚到钱；追一个姑娘，人家一周内没答应，立马就转身追别人去了；请别人吃几顿饭，就以为这是人脉了。

我们乐此不疲地学着各种技巧和套路，期望以最少的付出换来最大的回报，而很多骗子就是抓住了人们的这种心理来进行各种诱骗活动的，所以，稍不留心你就会损失惨重。

说到底，是我们太过浮躁，太吝啬自己的付出了。年轻人，请别那么浮躁，请给自己成长的时间。

Charpter2

这个世界正在奖励
不计成本努力的人

事实上，当你在考虑做一件事情的成本是否太高时，其实是在质疑它的价值。

1. 你的选择需要成全自己

如果你的身上总背着沉甸甸的包袱，可能会走不远；如果你总是过分在意世俗的眼光，做选择的范围就会缩小很多。

为什么？因为世俗的眼光会杀死你的“独一无二”，会浇灭你的满腔热情。

你愿意过那种模式化的人生吗？如果不愿意，那么请守住自己的初心，不畏世俗的眼光，砥砺前行。

所以，别为了世俗的眼光而委屈了自己。

对筱月来说，今天和昨天没什么不同，日复一日地重复着贴条码、登记入库，贴条码、登记入库……

现如今上哪儿去找这么好的工作呢？收入稳定，工作清闲，也不用加班，几乎不会怎么累着，聊着天就能干工作、领工资。

这可是人人羡慕的好差事，每次，筱月妈妈谈起女儿，旁人都会投来艳羡的目光。只不过，筱月心里总是犯嘀咕：难道一辈子都要过这样的生活吗？说实话，现在拿的工资也一般，只是在这个小县城能图个安稳罢了。

两年前，大学毕业后筱月也曾怀揣梦想，想去外面的世界闯荡一番。可是，父母、亲戚轮番上阵，她就被成功“洗脑”了——女孩子在外面瞎折腾啥？还不如回家找份安稳的工作好好过日子，何必大老远地去遭那份罪呢？

起初筱月也觉得自己是幸运的，这工作轻松，不用面对大城市的竞争压力。但日复一日，寡淡无味的生活磨光了她的激情。看着好友们在大城市里多姿多彩的生活，说不羡慕是假的。

于是，筱月想要重新出发，她正在心中酝酿着怎么跟父母开口，却被母亲抢先一步：“筱月，你看看这些照片，你中意哪个男孩？”女儿的工作妥当了，下一步操心的自然是终身大事。

“妈，对不起，我想出去闯闯。”筱月鼓起勇气说。

不出所料，少不了一顿劈头盖脸的教训，但筱月一个字也没听进去。街坊邻居听说筱月如此“不开窍”，纷纷登门劝她，但都无济于事。

后来，每天筱月都会跟父母“谈心”，撒娇、耍赖、哀求，无所不用其极。终于，父母同意了，但表示不会在经济上支援她。筱月知道这是父母最大的退让了，还好这两年自己也攒下了一点钱，足以支撑她在外面过一段时间，就当作追求梦想的启动基金了。

这一次，她终于勇敢地迈出了第一步，不在意世俗的眼光，只想为梦想拼搏一次。虽然这个决定迟到了两年，但为时不晚。

来到深圳，筱月重燃了当年的激情。在一次面试中，当被问到她为何放弃安稳的工作离开家乡时，她只说了一句话：“我不想因为世俗的眼光委屈了自己，不想再一次与梦想擦肩而过。”

不知道是不是这句话打动了HR，筱月被破格录取了——她是公司招进来的第一个没有相关工作经验的公关策划。

像筱月这样的姑娘有很多，她们都是潜力股，只是缺一点勇气，缺一点动力。其实，留在大城市或者小县城并不重要，重要的是，你别因为在意世俗的眼光而委屈了自己，放弃了自己的梦想。

很多时候，大多数人眼中对的事情，不见得都对；大家都觉得好的事情，也未必适合你去做。

我想起自己毕业的时候，也曾经历过一番选择。当时我已经拿到本科院校所在地的两份Offer，准备要签三方协议了，但思考一番，我还是放弃了那两份已经到手的Offer，去参加校招。

因为这件事，家里人一度责怪我太任性。后来，在校招中我找到了在上海的第一份工作，成就了当年我的一腔孤勇。

当时，在去上海之前，身边很多人在给我分析即将面临的处境——陌生的环境，不容小觑的竞争压力，有同学甚至提醒我说上海的冬天比家乡冷。也许确实有一些未知的困难存在，但我并没有被吓退，还是义无反顾地奔向了上海。

退一万步讲，我完全可以回家找一份安稳的工作，但我不愿意这样做，因为那种一眼就可以望到结局的生活不是我想要的。

在上海的三年，我哭过、笑过、抱怨过，也在不断地成长着。机遇也好，挫折也罢，都是我人生中最宝贵的财富。

后来，从职场小白到资深编辑，我的薪资一连翻了三倍，足够我的梦想在上海尘埃落定。但就在这时候，我再一次做了一个大胆的决定——离开舒适区，去更广大的天地探索。

我递交了辞呈，开始了自由职业之旅。于是，很多人问我，离开上海是因为觉得那里不好吗？

当然不是。我深爱着那片土地，但我更想见证自己一次次的蜕变。我回到家乡，是为了能更迅速地达成自己的小目标，离梦想更近一步。很幸运，经过大半年的努力，一切都在慢慢地变成我想要的模样。

这一次的变化，周遭很多人都难以理解。家里的长辈更是忧虑重重，他们甚至觉得我的一意孤行是在自毁前程。也难怪他们，在上海立足是多么不容易，我却如此轻易地放弃了。

很遗憾，旁人的眼光并没有影响到我，我只是在按照自己的意愿走自己的路。或许有一天我会重新回到那座熟悉的城市，或许又会开启全新的征程，但无论如何，我都会跟着自己的心走。

我很感谢妈妈，在我每一次做出选择之后，她都会支持我，这也是我能够一路走到今天的重要原因。

我曾问过妈妈："为什么你从来都不阻拦我呢？"当时她说了一句话，至今我记忆犹新："拦你？我拦得住你吗？"

的确，一旦认定一件事，无论旁人说什么我都不会改变初衷。我不想因为世俗的眼光而与梦想擦肩而过，更不想为了世俗的眼光而委屈了自己。但愿你跟我一样。

爱因斯坦说："伟大的精神总是受到平庸人的强烈反抗。当人们不再轻率地相信世俗的偏见，而是诚实勇敢地使用他们的智慧时，后者是不能理解的。"

不向世俗妥协，这是一种气魄。小说《神雕侠侣》里便塑造了一个有气魄的杨过。

在世人的眼里，杨过叛逆，前有不尊师重道、逃离师门之举，后有与师父相恋之事，这些均为世俗所不容。然而，那又如何？他虽有些自我，但遵从了自己的内心，活得真实，终于收获了幸福，也成为一代大侠。

你看，这个世界上没有任何人能够左右你，除非你愿意被他人左右。真正可怕的不是世俗的眼光，而是你的心——心若坚定，世俗的眼光再冷酷也伤不了你半毫。

2. 你刻意合群的模样，真让人揪心

当世界都在对不合群的人 Say no 的时候，你可曾为了自己的不合群而焦虑？你可曾拼命地想要融入某些圈子，到头来却发现自己怎么都融不进去？为了合群，你拔掉了身上所有的刺，那一定很痛吧？

如果刻意合群让你变得平庸，让你失去了自己的个性，那我希望你放弃那些圈子。因为，你可能并不属于它们。

圈子不同，何必强融？你刻意合群的模样，真让人揪心。

新学期开始了，晓峰再一次陷入不合群的恐慌中。

晓峰天生对数字敏感，最喜欢钻研与数学有关的一切，很多人都说他是“数学脑”。尤其数学考试，对他来说简直是小菜一碟，他多次参加数学竞赛，拿了很多奖项，让家人感到很骄傲。只不过，大人们觉得美中不足的是：“这孩子啊，不太合群。”

上大学之后，晓峰变得更加不合群了。他是个只能一门心思

做一件事的人，需要尽可能安静的环境，可是在大学里，这点小心愿却成了一种奢望——他必须面对社交，不得不融入学校里的各种圈子，处理复杂的人际关系。

这让他很痛苦，但是，如果继续保持特立独行，他会被人说成“不合群”，受到排斥。

这可怎么办呢？

晓峰只得违心地去改变自己，明明讨厌玩游戏，却跟着舍友打通宵；明明不喜欢跟陌生人聊天，却在聚会时假装自己很健谈；明明想泡图书馆，想选修法语课，却勉强自己跟同学去通宵K歌……

他逼迫自己做着一切自己并不喜欢的事情，因为他害怕自己太“独一无二”，害怕被排挤，所以就拼命地隐藏起了自己的“与众不同”。每次“伪装”结束后，他都会找个无人的角落，一个人默默地待着——他还是喜欢享受独处的时光，那么安静、那么惬意。

这是读者晓峰的故事，他似乎印证了作家刘同说的那句话：“不合群是表面的孤独，合群了才是内心的孤独。”隔着屏幕，我都能感受到他那颗孤独的心——如此刻意，让人揪心。

如果你们志同道合、兴趣相投，自然会彼此吸引走到一起。合群不是为难自己为了合群而合群，这样做的话往往是在浪费自己的时间和精力。

小说《无声告白》里，女主人公莉迪亚的父亲詹姆斯，一生都在为了融入一个不属于自己的圈子而努力，为此甚至还搭上了女儿的性命。

詹姆斯出生在美国本土，他有一个贫困到自己都不愿意提起的家庭。他的父亲曾是顶替别人来到这里的，这里让他没有一点儿归属感，他没有朋友，总是不合群。但他有一个梦想，就是让自己显得不那么与众不同，真正地融入美国社会。

他选择了平凡的女孩玛丽琳组建了家庭，可没料到妻子比自己还要不合群。于是，他只好把期望全部寄托在女儿莉迪亚的身上。他对孩子的教育是："要让别人喜欢你，要多交朋友，即使笑不出来，为了融入圈子也要笑。"

在父亲的期待下，莉迪亚努力地去交朋友，可还是因为不合群没有交到。为了让父亲开心，她经常在家里拿起电话本假装打电话，还假装跟朋友经常见面、聚会。

直到莉迪亚死去，父亲才慢慢地意识到，女儿与自己一样不合群，没有朋友——这些年来莉迪亚只是在扮演父亲所期待的角色，活在别人的期待中。但是，长期的压抑终于还是压垮了这个姑娘，让她走向了死亡。

你看，詹姆斯花尽了所有的心思想融入那些圈子，希望终究还是落空了。

事实上，不仅詹姆斯不合群，就连他的女儿也没能摆脱不合群的"魔咒"。为什么会这样呢？这也许是特殊的时代背景所致，但一味地去融入不属于自己的圈子，是不可能快乐的，更不可能真正的合群。

刻意合群，其实就是活在别人的期待中，渴望得到别人的接纳和肯定，说到底就是没有找到真正的自己。

当你被所有人理解和接纳的时候，你可能需要反思一下：你是否过于平庸？你是否已经失去了自我？

这是因为，真正优秀的人不会在意世俗的眼光，更不会刻意去合群。他们只会去甄别、去选择适合自己的圈子，去结交彼此投缘、相互欣赏的朋友，这才是真正的合群。

所以说，当你还在纠结是否合群的时候，也许是你还未找准自己的定位，也许是你还不够优秀。

我在知乎上看过一条评论：优秀的人，不是不合群，而是他们合群的人里没有你。人生的每个阶段都在变化，你的圈子也不会一成不变——你在成长，你的圈子也在不断地进阶，当你足够优秀了，优秀的圈子也就来到了你的身边，何愁无法融入呢？

你融不进的圈子，只因为那不是你的圈子。那就放弃吧，你刻意合群的模样，真让人揪心。

3. 别让标配的“成功”，打乱了你的节奏

周末在家翻看收藏夹的时候，我无意间翻到了那首火遍美国的小诗：

“纽约时间比加州时间早三个小时，但加州时间并没有变慢。

有人 22 岁就毕业了，但等了 5 年才找到好的工作。

有人 25 岁就当上 CEO，却在 50 岁去世。

也有人在 50 岁才当上 CEO，然后活到 90 岁。

有人依然单身，同时也有人已婚。

……

世上每个人本来就有自己的发展时区。

身边有些人看似走在你前面，也有人看似走在你后面。

其实每个人在自己的时区有自己的步程。

不用嫉妒或嘲笑他们。

他们都在自己的时区里，你也是！

生命就是等待正确的行动时机。

所以，放轻松。

你没有落后。

你没有领先。

在命运为你安排的属于自己的时区里，一切都刚刚好。”

是啊，别让标配的成功打乱了你的节奏。

那么，什么是标配的成功呢？无非是有钱、有房、有车，名利双收。很多人终其一生都在追求这样的“成功”，也极容易被这样的“成功”打乱自己的节奏。

簌簌并不是“别人家的孩子”，从学习到工作甚至到结婚，一路上她都是磕磕绊绊的，吃过不少苦头。但她一直在成长，越了解自己，她便越知道自己想要走什么样的路。

毕业三年，身边的同学似乎都走在人生开挂的路上——他们中有人创业成功，实现了财务自由；有人经过努力在职场上不断进阶，买了房、买了车，在大城市里尘埃落定；还有人步入婚姻的殿堂，收获了属于自己的幸福。

正如托尔斯泰所说的一样，幸福都是相似的。想想看，在普通人的眼里，这样的生活状态就很圆满了吧？这不就是标配的“成功”吗？

就连簌簌的闺密小露，回国之后也迎来了自己人生的小高峰——公司的发展蒸蒸日上，还遇到了彼此相爱的另一半，结婚没多久又升级做了妈妈。而簌簌呢，没有年薪百万，也没有结婚生子，只是在自己的路上继续进阶，不断修炼。

婚礼前夕，沉浸在幸福中的小露与簌簌谈心，说起了自己的人生规划。簌簌坦言："看着你们一个个成功、幸福，真心替大家开心。有时候我会觉得自己掉队了，追赶不上你们的脚步。可是转念一想，其实我已经在自己的时区里大步流星了。

"我没有名校的光环，只靠自己的努力进入了业内前十的律所，还提前通过考核，拥有了独立办案资格。虽然现在我远远比不上你们拥有的一切，但经过努力、沉淀，我各方面的能力也在持续优化升级，自己的积蓄也能承担生活的支出。

"如今我是律所里的顶梁柱，自己的成长我看得到，这就是我的节奏。也许几年后我想要的东西都会来，现在何必操之过急呢？我想要稳步成长，想要奋战到人生的最后一刻。慢一点，稳一点，挺好。"

就像簌簌对自己的认知一样，每个人都在自己的时区里成长，参照物就是你自己。对于标配的"成功"，我们可以心之所向，但也别忽视了自己实打实的努力和成长——把握住自己的节奏，远比执着于一时的成功来得更重要。

相反，很多人急于赚钱，想实现经济上的快速跃进，但被他人一时的成功扰乱了自己的节奏。看到有人创业实现了财富的迅速积累，你也盲目去创业；看到别人炒股赚钱，你也一头扎进股市；看到身边的人一拨拨地结婚了，你也不管不顾地随便找个人结婚。这些原本不在你的计划内，你只是被标配的“成功”扰乱了节奏而已。

如果你掌握不好自己人生的节奏，你就只能被其他人或事牵着鼻子走。

有一条《在你感觉到压力之前》的演讲视频曾经蹿红网络。视频的开头，校长为学生们规划好了未来的人生——什么时候进入心仪的大学、什么时候完成学业、什么时候走入职场、什么时候买房结婚……

这时，一个年轻人打断了校长的演讲，他的一番慷慨陈词倒是给了人生一种全新的诠释：“生活中的一切，是由我们自己的时间表决定的……不要让其他人用固定的时间表来催赶自己。因为爱因斯坦说过：‘并非所有重要的事情都计算得清楚，也不是所有计算清楚的东西都重要。’”

的确，每个人都有自己的节奏。日本作家村上春树 25 岁时也只是个经营酒吧的生意人，29 岁却凭借《且听风吟》一举成名；摩西奶奶 80 岁时在纽约举办了个人画展，成为当时美国最著名和最多产的原始派画家之一；哈兰·山德士 66 岁创立肯德基品牌，并将其推向了全世界。

你看，有人少年成名，也有人大器晚成。20 多岁实现财务自由值得自豪，30 多岁实现梦想也是一件开心的事情；20 多岁结婚是一种幸运，30 多岁成家也不丢人。

我们就像一个个钢琴师，如何把握好节奏，如何弹出最美妙的旋律，完全取决于自己。我们都有自己的时间表，都在按照自己的节奏生活，哪里有谁对谁错呢？

成功无法衡量，人生更无法定义，唯一的标尺就是：你是否在按照自己的时间表往前走，是否在不断地成长——你要在自己的人生进度条里行走，不快也不慢，节奏刚刚好。

村上春树说："无论别人怎么看，不要打乱自己的节奏。"把握自己的节奏，并不是说你就可以因此而不用努力了，相反，我们依然要拼搏，去争取自己想要的一切，但不要被别人的进度所影响。

我看到朋友圈有人这样说："比你优秀的人都在努力，那你努力还有什么用？"

其实，很多人并不明白努力的意义。我们努力是为了自己，我们改变是为了自己，我们的每一个选择更是为了自己。

别人的成功也好，失败也罢，那都是别人的人生，不是你的。请别让标配的"成功"，打乱了你的节奏。

4. 这个世界正在奖励不计成本努力的人

《简·爱》里有一句话说：“如今我认识到这个世界是无限广阔的，希望与绝望、机遇与挑战并存，而这个世界属于有胆识、有勇气去追求和探索的人。”

面对同一个挑战，不同的人会做出截然不同的抉择，而有时候这个抉择可能会改变你的人生轨迹。迎接挑战并非易事，这伴随着难以想象的艰难，可能短期内成效甚微，但也潜藏着巨大的机遇与回报。

事实上，当你在考虑做一件事情的成本是否太高时，其实是在质疑它的价值。

当有人告诉你：“这事成本那么高，不划算。”这时，坚持或放弃，只在你的一念之间。

如果迫于无奈，你选择了自己很不喜欢的专业，那么，大学四年的时光恐怕会比较难熬了。栗子正是这样，背负着家里人的期望来到大城市求学，却学着让自己头疼的经济学专业。

栗子曾经试图转专业，但事情远没有想象中的那么简单。一方面，她的家人不同意；另一方面，学校里转专业的名额有限，而她想要转去的日语专业竞争较大，最后只得作罢。

这个周末，栗子逛街路过一家口碑不错的日语培训机构，她饶有兴趣地走了进去，希望了解当下日语专业的就业形势。

一番交谈过后，她与几位工作人员、老师混熟了，挖掘到一些很有价值的信息。原来，不是只有日语专业的学生毕业后才可以从事相关工作——只要日语口语过关，拿到日语等级 N1 证书，一切皆有可能。

回去之后，栗子跟舍友们说了自己的想法。

舍友们很不理解，甚至泼冷水："栗子，你何苦为难自己呢？咱们的专业课已经很满了，你哪里有空闲时间？况且，我朋友说日语越学越难，你又没有基础，这事成本那么高，恐怕不划算。"

这话虽说听着刺耳，但似乎有几分道理，栗子有些动摇了。但她不想就这么轻易地放弃，于是她找到外语学院的老师，希望老师能给自己一些更为具体的意见。

老师直言，想要通过专业考试，可能会面临各种问题，比如你付出了一年的时间，最后的结果也未必尽如人意。因为，这种权威性的考试竞争性很强，哪怕是本专业的学生也不见得可以轻松拿到 N1 证书。

然而，听了更多的考试细节后，栗子突然坚定了一个想法：

“对，我就喜欢这种愉悦感，我会拿下它的。别人不行，我未必不行。”

栗子坚定了信心，便将日语学习与备考提上了日程。她利用自己兼职挣的一些积蓄报了培训班，每周一、三、五晚上上课，空余时间就拿来学习功课。

但是，本专业的课程学习也很紧张，在备考期间，每天栗子大概只睡四五个小时。好在功夫不负有心人，在隔年的夏季考试中，她总算完成了自己的心愿。

毕业后，栗子如愿进入一家知名日企，平台优质，待遇不菲。如今，她在部门里做得风生水起，过上了自己喜欢的生活。

这样的情景似曾相识。

大二的时候，出于无聊，我报了一个计算机二级C语言考试的培训班。当时，我身边也出现了不少反对的声音：“C语言哪是那么容易就能考过的呀？”

其实，我的初衷不是只为了拿一个计算机二级证书而已，当时我也是着了魔，就想验证一下自己的实力——选择最难的C语言就是想挑战一下自我，想看看自己的逻辑思维能力究竟如何。

至于大家的意见，我压根儿没当回事。

报班的费用不算贵，学习时间我也有，于是就一股脑儿地加入了。第一次因为一个小错误导致机考失败，只好重考，好在第二次我驾轻就熟地考过了。

怎么说呢？在我看来，很多事情不是你做不到，而是你不想去做。当你想做一件事时，你会找方法；当你不想做一件事时，你只会找借口。

很多人特别在意自己的付出能够得到多大的回报，如果不能保证结果，那便放弃。这看起来似乎是聪明的做法，尽最大的可能规避了风险，但很可能你也会因此而失去一个重要的机会。

罗伯特·弗兰克在《牛奶可乐经济学》中指出："从事一项活动的机会成本，是指你为了从事这件事而放弃的其他事情的价值。毋庸置疑，机会成本越高，做这件事情的价值就越大。"

当我们在做选择的时候，衡量固然重要，却也不能只看事物的成本，而忽视其中可能蕴藏的极大价值。

"这事成本那么高，不划算。"其实，划不划算还是自己说了算——对你来说，一件事有价值就值得去做。那么，无论付出再多，回报再微薄，它都是划算的。

很多人都参加过研究生考试，有的人幸运地成功了，也有的人与心仪的学校失之交臂。但你去问问他们，很少有人会觉得这是一笔赔本的买卖。即使有，也不过是一时的丧气话。

因为，对大多数人而言，在考研的过程中，无论是埋头复习，还是后期与导师的近距离接触，你的见识、格局或者说知识面都已经与之前大不一样了，尤其是你面对挫折、摆脱困境的能力有了很大的突破。所以说，这是一笔无形的财富。而在以后的人生道路中，你会发现，在某一个时期或者瞬间，它会起到举足轻重的作用，甚至改变你人生的方向。

这个世界正在奖励那些敢于追求、探索未来的人们，因为未知世界蕴藏着无限的可能。

请你在规划未来的时候，适当地拥抱一下难得的机遇与挑战吧——有时候，付出与回报未必成正比，但成本高的事往往伴随着不菲的价值。

5. 你无须扮演别人眼中的完美人设

我的微信朋友圈曾经用过一句签名："无须出演别人眼中的完美人设，只需做自己眼中的完美女孩。"我始终相信，每个人最美的时刻，不是去扮演什么完美人设，而是打造完美的自己。

因为种种原因，生活中很多人都在扮演一个或者几个角色，迫不得已还要戴着伪装的面具，但很多时候这是在为难自己——小时候，我们扮演父母眼中的乖小孩；成年了，我们继续扮演着各种新的角色，唯一不变的是，那些角色都不是真正的自己。

扮演别人眼中的完美人设，真的好累。

陈妙是个特别认真的姑娘，认真到有时候我都替她感到累。不信你看：在公司里，她是领导跟前的红人、同事眼中的开心果；在父母的眼中，她是温顺乖巧的女儿；在男朋友的眼里，她也是温良贤淑的女朋友。

陈妙所承担的每个角色，都是那尽善尽美，得到了每个人的喜欢，所以人缘俱佳，让我们羡慕不已——天底下居然有这么完美的女孩子。

然而，除了她自己，为了尽可能地让每个人都满意，你不知道这个姑娘有多么卖力。

周末聚餐，然后去 KTV 狂欢的时候，听到老板说“今晚要通宵”，我不经意间看到陈妙脸上的一丝为难之情，但很快她又转为微笑——她依旧负责带气氛。而其他人，早就因为坚持不住向老板打招呼后离场了。隔天看到陈妙办公桌上的过敏药和肠胃药，我才明白，为了让他人开心，她是有多为难自己。

这样的一个姑娘，完美得有点不真实，但这就是她给自己选定的人设。

我知道，她在扮演另一个人，有时候可能连她都忘了自己原本的模样。或许在深夜里，她也会揪着被角默默地流泪，也想冲破这层人设的禁锢找回自己吧?

生活中，这样的姑娘并不少见。她们一直习惯性地活在旁人的期待中，满足着父母的期待，按照他们的安排去生活；满足着另一半的期待，按照对方喜欢的样子去打扮；满足着朋友的期待，说他们爱听的话、做他们喜欢的事情。

这样的姑娘会替每个人着想，对每个人体贴入微，却唯独忘了取悦自己。

按理说，如此完美的陈妙早该晋升了，但她却一直停留在基层岗位上，对此我很不解。经理曾私下告诉我，陈妙的工作能力、社交能力大家都有目共睹，但总觉得她缺了一点“狠劲儿”，这是当领导必须要有的能力。

我知道，陈妙很完美，但完美过了头，便从优势转为劣势了。

后来，陈妙离职了，她说自己太累了，想歇一歇。我想，不是工作也不是人际关系让她累，而是扮演旁人眼中的完美人设消耗了她过多的时间和精力。

朋友圈里的另外一个姑娘小白，与陈妙截然不同。

小白自小就是最让长辈头疼的孩子，学习成绩普通，整天也没有一个女孩子的样子，喜欢攀岩、蹦极等冒险性活动。毕业之后，她更是做起了微商这种“不靠谱”的行业，就连恋爱、结婚也是完全按照自己的性子来。

可是，正是小白的“放荡不羁”吸引了我的目光。如果再早一点，我可能会间歇性地屏蔽一些做微商的朋友，但自从接触了她，我倒是不时地去翻看她的朋友圈。除了一些推广性的内容，她的朋友圈里记录着自己每天的状态：放飞自我时的惬意与开心、生气窝火时的愤怒，任何时候都毫不掩饰。

这才是一个人最真实的状态，因为我们会开心，也会愤怒，没有谁是没脾气的，也没有谁会永远充满正能量。

对于朋友圈中的“杠精”，小白从不留情：“嫌难看，请你屏蔽或者拉黑我！”“我的生活不需要别人指手画脚！”时间久了，“杠精”倒是都识相地隐身了。

在小白的眼里，她不会因为别人的一句话而难过，也不会伪装自己来讨身边人的欢心。事实上，或许她的性格让人感觉难以接近，但真实的自我是我们最缺少的——她快人快语、简单直接的风格反而吸引来一大拨朋友，她的生意也做得风生水起。

就个人而言，我觉得最好的“品牌”莫过于坚持自我，坚持自己最独一无二的部分，那便是自己最好的“代言”。

一个人成熟的标志，是你可以在与他人建立关系的过程中看清自己，找到自我，以及塑造新的自我。而这个“自我”，反过来会影响到你与他人间的交往，帮你吸引到与你一样的人，那便是你真正的人脉。

当你还在为扮演旁人眼中的完美人设而苦恼时，你可能还没有找到真正的自我——你的个人定位是模糊的，需要在旁人的眼中找到自己的位置。虽然这是人生的必经阶段，但不宜久留。

我想到了靳东与陈道明在一则广告里的对话。

靳：“你演过最难的角色是哪个？”

陈：“我想，是自己吧。”

靳：“每天，我们向着最好出发，直到从无到有，直到拥有更多，直到真的拥有更多之后，才开始懂了：小到一棵牧草，一个想法……”

陈：“大到山丘湖泊，人生坦荡。人生难得的不是可以把握住别的什么东西，而是把握住自己……”

是啊，最难扮演的角色是自己。因为，自己根本无须扮演——如果你非要扮演的话，怕是会演砸。

扮演一个完美的人设，需要顾及到方方面面，那对自我来说真是极大的束缚，而你也会背上一个沉重的包袱，压得自己无法呼吸。

缺少自我的“我”是黯淡无光的，找回自我的“我”只是看到了一点光亮，活出自我的“我”才是最耀眼的，也才是我们所喜欢的真正的“我”。

我累了，不想扮演了，可以吗？

我想撕下虚伪的面具，与天地共舞。

6. 要么将就，要么讲究

顾漫在《何以笙箫默》中写道：“如果世界上曾经有那个人出现过，其他人都会变成将就。而我不愿意将就。”

身边越来越多的姑娘对自己、对事业、对另一半都有了更高的要求，她们在人生这条路上不断地进阶，哪里还愿意将就？

何为将就？那就是，当你在做选择的时候，因为种种原因只能退而求其次，凑合着接受另一种你并不满意的安排。

前段时间，那个裸辞的 90 后姑娘一度刷爆了朋友圈，她的辞职理由里似乎写尽了自己 6 年来无声的控诉。

我想，她未必是冲动的，而是不愿意再将就了。当然，网上也出现了一些反对的声音，90 后再一次被贴上了“任性”“不计后果”的标签。

要说裸辞是一时冲动，怕有失偏颇。比如我的朋友小亦，某传媒公司运营总监，从公司起步到发展的今天，算得上元老级的人物。可是，慢慢地，她面临着企业文化变质、员工散漫、管理层用人“渗水”，CEO 更是一意孤行，导致很多项目搁置，公司的发展一天不如一天。

这还不算，就在小亦带领团队与竞争对手斗智斗勇的时候，管理层却给运营部来了场大地震——上面派来个总经理特助来辅助管理运营部，小亦被变相削了权。小亦虽心有不平想辞职，但毕竟在公司工作这么多年，还是不舍。

不久，因为资金链断裂，公司做出战略调整，将运营部的部分业务外包出去，并且先与外包公司签订了协议再告知小亦。

运营部可是小亦这些年的心血，一路见证了她的成长。老板居然就这么轻易地给处理了，甚至都没给她争取的机会。

通过这件事，小亦也算看清了自己在公司的位置，从此心灰意冷。想想也是，此前有很多项目全凭老板的心意去做，小亦带着团队日夜赶工，最后老板却否决了她定下的方向，不断地重来。如此，小亦不值得继续效命了。

小亦裸辞了。她说不愿意再将就，以自己的资历，离开这家公司铁定能够跳到更大的平台。

离职的消息一传出去，小亦果然就接到了不少电话。一个大型奢侈品互联网平台重金聘请她，这个平台看中她很久了，自然不会错过这个机会。

裸辞的确有风险，但对于有资本的人来说，不将就才能看到更好的机会。

几天前，在一个优质作者群里，我们讨论了一个话题：姑娘是该高傲地单身，还是该委屈地将就？

群里的小伙伴一下子都出来了，大家一致认为，宁可高傲地单身，也不要委屈地将就。有人怀念单身的美好，劝大家珍惜单身的时光；也有人说单身与否不重要，但女孩子没必要将就别人，勉强自己。

其中，有个姑娘的看法在我看来深以为然——单身也好，结婚也罢，无非是两种不同的生活方式和状态。

单身有单身的美好，结婚也有结婚的甜蜜，我们不用惧怕任何一种状态：单身时享受自我成长，恋爱时享受相爱的甜蜜，结婚后享受带孩子的乐趣。无论选择哪一种，别卑微，不将就，如此便好。

是的，我们说不将就并不是要把自己看得多高，瞧不起谁，只不过爱情和婚姻是没法将就的。

老一辈的人很多是搭伙过日子，只是有的人在漫长的生活中磨出了感情，而有的人是为了孩子、为了责任在维持婚姻。那些风雨飘摇的婚姻，并不见得是遭受了什么生死的考验，可能就是一些生活琐事引发的冲突而已。正如马尔克斯在《霍乱时期的爱情》中所说：“比起婚姻中的巨大灾难，日常的琐碎烦恼更加难以躲避。”

Kely 跟她的富二代男友分手了。其实，两个人已经到了谈婚论嫁的地步，但姑娘突然止步。她说，想到余生都要与他一起走过，就有些不安——想象着两个人柴米油盐、慢慢变老的画面，她有点不知所措。

Kely 是个不懂拒绝的姑娘，那场被众人见证的浪漫求婚，在一瞬间确实感动了她。可在后来的相处中，她明白，那不是爱情。当婚期越来越近的时候，她清楚地听到了自己心里的声音：我不愿意将就！

“我貌美又不缺钱，何必委屈自己，将就别人呢？”这是 kely 的原话。

是啊，越来越多的姑娘不愿意再将就了，这不是傲娇，只是活明白了——将就的人生，终究还是要自己买单。将就工作，终有一天你会忍无可忍；将就爱情，两个人迟早会被彼此消耗殆尽；将就婚姻，生活的一地鸡毛会让你无处遁行。

我们所说的“不将就”不是吃不了苦，不是一定要做一些不切实际的梦，也不是非要嫁给什么高富帅，而是遵从自己的内心，做忠实于自我的选择。

当然，要想不将就，你得有资本——你要足够优秀、有能力、有魄力，能够经受住人生中的风风雨雨，砥砺前行。

我们不眼高手低，但也绝不接受将就的人生。当我们选择将就的时候，其实更多的是一种无奈——自己能力不足，这其实是对自己无能为力的一种妥协。

时代呼唤个性的解放，女孩子不必像过去那样久居闺房，也可以挣钱养家，在职场中最大限度地实现自我价值；女孩子不娇弱，也可以拥有勇敢、坚强的力量；女孩子婚后不再是另一半的附属，也可以兼顾事业与家庭，与丈夫共担风雨。

这个时代的我们承担着多元化的角色，拥有着多样的属性。姑娘们有自己的事业，也有一颗热爱生活、享受爱情的心。她们不再需要依靠婚姻来改变自己的命运，相反，她们将人生的主导权牢牢地握在自己手里。

不将就需要底气，需要不断修正自我，而这是我们一生的修行。

做自己的女王，用心生活，畅快相爱，过讲究的生活。

Charpter3

你可以不完美，但不能不独立

作为独立的人，我们应有所担当，应有能力照顾好自己的情绪和生活。

1. 愿你，成为更好的自己

艾瑞克·弗洛姆在《爱的艺术》中说道："不成熟的、幼稚的爱是：我爱你，因为我需要你。而成熟的爱是：我需要你，因为我爱你。"

爱伴随着依赖，可依赖不是爱的全部。如果你只想着从对方身上汲取到自己需要的东西，这段关系注定不会长久。因为随着时间的沉淀，那些吸引你靠近的东西可能会褪色，为此你可能会失去兴趣。

爱会让你想要依赖另一个人，也会让你想要成就另一个人，更会让你想要成为更好的自己。当成长与依赖共存于一体，才是真正的爱。

我爱你，更爱与你在一起时的我。因为，好的爱情会让一个人看见真正的自己。

自从恋爱之后，小慧整个人都变得开朗了，整天都闪闪发光起来。这大概就是人们所说的爱情的魔力吧。

在遇见李先生之前，小慧的骨子里总是敏感脆弱，缺乏自信。她会因为朋友的一句调侃而默不作声，也会因为无关之人的挑剔而陷入自我怀疑。

李先生的出现，打破了小慧沉默的世界，她的脸上开始出现久违的笑容，她开始有了拒绝的底气，也找到了真正的自己。

李先生不是一个很会说情话的人，可他在用行动证明自己对小慧的爱。小慧一个人躲在角落里哭泣的时候，他什么都不说，但会给她一个温暖的拥抱；小慧受了委屈，他会不管不顾地去维护她；小慧想要静一静，他就在旁边守着她，等着她梳理好自己的情绪。

慢慢地，小慧的心门彻底地打开了，她一点点地进入李先生的世界，学着去理解眼前这个温柔细腻的男人，陪他一起做他喜欢的事情，在他需要的时候给他力量。

在这个过程中，她终于把真正的自己从自己的小世界里释放了出来，不再在意别人的眼光。因为她知道自己有闪光点，也接受了自己的不完美，开始活出真正的自己。

“亲爱的，你到底喜欢我什么呀？”

“你身上那些闪闪发光的东西，我难以抵抗。我想，大概是因为你是你，我是我，我们才会相爱吧。”

李先生的这句话，才是解开小慧心结的一把金钥匙。正是这句话，让小慧真正地爱上了他，也爱上了与他在一起的自己，他们互相陪伴，彼此治愈，共同成长。

是的，喜欢一个人或许是贪恋他身上的好，而爱一个人只是因为“你是你”，所以我爱你——你不用违心地去改变自己，不用费力地去讨好对方。我们相爱，就简单爱，勇敢面对，努力向上生长。如此便好。

林超升职了，对我们来说，这算是一种“惊吓”。毕竟大家相识多年，他一直是一副“痞痞”的德行，做事吊儿郎当的，没什么常性。

也是不久前我才得知，半年前这家伙就悄悄地结了婚。关于他升职的秘密，想必与他身后的那个女子婷婷有关，我决定约上几个好友去他的新家一探究竟。

与林超以前交往过的女孩子完全不一样，婷婷的身上带着一股子书香气，没有浓妆，不招摇，温婉又不失底气，给人一种很舒服的感觉。待人接物，她更是点到为止，绝不失格。

经过一番交谈，我对婷婷的学识、见地很是佩服。我心想，林超这家伙的眼光还真不赖，如此知书达理的女子让他给碰到了，难怪他开始长进了。

林超见我们与婷婷聊得很开心，就进厨房给我们露了一手。

席间，林超坦言自己能够有今天的蜕变，多亏了婷婷。因为遇见了优秀的她，他第一次有了“洗心革面”的念头，工作上不再浑水摸鱼，开始存钱，也更加懂得疼人了。

林超做出这种改变，就是希望配得上自己眼里的“女神”。对此，就连父母也觉得他脱胎换骨了。

婷婷究竟是如何成功改造那个当初连爹妈都束手无策的林超的呢？

其实，婷婷眼里的林超是独特的。他自由随性却不失底线，他当机立断有魄力。婷婷也没有刻意地去改造他，只是让他找到自己的优势，鼓励他放手去做自己喜欢的事情，无论结局如何，她会陪他一起承担。

婷婷的柔情政策果然奏效了。不到一年，林超就交了首付买了房，然后他们结婚了。只是婷婷为人低调，没有大办婚礼。

婷婷说，自己喜欢的是“痞痞”的林超，爱上的是那个为自己做出改变的林超，最后毫不犹豫地嫁给林超，只是因为他是他。

而林超呢，其实他骨子里早就想做出改变，但总是动力不足。而婷婷就像是照进他生命里的一道光，因此，他找到了方向，才可以突破自我。他爱她，也爱为她脱胎换骨的自己，更爱与她共同成长的自己。

或许，这就是最好的爱情——我爱你，更爱与你在一起时的自己。

那么，什么样的婚恋关系最为持久呢？是利益的结合，还是激情燃烧过后的一时冲动呢？我想都不是，最稳固的婚姻关系是——谁也离不开谁，他们是彼此的水、阳光，甚至是彼此得以生长的土壤，共同成长、互相成就。

喜欢是放肆，爱是克制；喜欢就想要占有，而爱需要包容。当你开始思考如何成为更好的自己，如何成就更好的他的时候，或许就是你爱上他的信号。

当然，随着交往的深入，你们开始磨合，你会希望他朝着更好的方向发展。这时候，你的潜意识里便有了改造另一半的欲望。只不过，有时候你的改造显得太过刻意，用力过度反而磨损了感情。

其实，你爱他，只是因为他是他，你是你，你们可以变得更好，走得更远。但这个过程更多靠的是引导和包容，你要让他心甘情愿、发自内心地去改变，而不是在你的强制要求下去改变。

毕竟，你们是平等的，请摆正各自的位置。你只是他的另一半，而不是他的父母或者上级，不要试图去控制他，那样只会适得其反。

爱情的一部分是依赖，一部分是成长。

一段成熟的恋爱关系，你会想要为他变得更好，只为与他携手同行；你会想要成就更好的他，只因为他的成长也是你们爱情的一部分。在爱情的浇灌下，你们都可以把握住彼此的节奏，成为更好的自己，这样的爱情之花才有可能结出果实。

爱一个人，就要接纳他的不完美，就要做更好的自己，也要成就更好的他。

2. 别在该动脑子的时候动感情

一厢情愿的感情，迟早会灰飞烟灭——要么，在一开始你就被判了死刑；要么，在短暂拥有之后，你会彻底地失去。无论是哪一种都长久不了。

爱情在最初的时候是甜蜜的，在离散的时候也是痛心的。无论怎样，感情没了就别去费尽心机挽留对方。

费尽心机留住的爱，又怎能够持久?

晨晨分手了，这一次很彻底。

“晨晨，对不起，我们回不去了。”男友说。

“好。”晨晨说。

面对男友再一次的离开，晨晨再也无力去挽留，只剩自己一个人在空荡荡的房间里落泪。

他们是初恋，曾经有过山盟海誓，后来不知是现实压垮了他们的爱情，还是他们的爱情已经走入了死胡同，反正现在一切都没了。

晨晨依稀记得她与这座城市的点点滴滴，都与他有关。

每一个熟悉的地方都留下了两人的脚印，都是他们爱情的见证。他为她画的速写、手机里的合照、舍不得删的聊天记录、电影票、火车票，甚至连输入法都记得过往的一切。

上一次分手，晨晨哭得撕心裂肺，一度夜夜买醉。而为了挽回男友，她卑微地低下头，不再是过去傲娇又任性的“小公主”，每天偷偷地等在男友公司的门口，常常去男友父母那里，只是为了能够再见到他；她翻着男友的每一条朋友圈，揣测着他的心思，经常出现在男友最可能出现的地方。

在朋友的劝说下，男友终是不忍晨晨如此执着，也看到了她的变化，于是复合了。

在复合的这段时间里，晨晨温柔解人，什么事都以男友为主，为他洗衣做饭，为他出谋划策，为他推掉一切不必要的聚会。一开始他们很幸福，也找到了最初的感觉。

可惜不到三个月，他们的关系还是出了问题。

这一次男友才发现，上一次分手不是因为晨晨任性，不是他们之间有矛盾，只是感情没了。复合是男友因为不忍看到晨晨堕落下去，短暂的幸福是贪恋晨晨变化后的柔情，但这些统统与爱情无关。

值得庆幸的是，再一次的分手，痛归痛，晨晨倒是清醒了过来，不再勉强，不再强留。或许是早已料到今日的结局，她很快走了出来。她终于明白，感情怎么能够勉强呢？在一起的时候是因为彼此相爱，而从他提出分手的那一刻开始，这份感情就已经没有出路了，她不该再执着。

我们都渴望遇到真爱，想着那个对的人到底什么时候会驾着七彩祥云来接自己？我想，或许是你遇见最美的自己的某一天，或许是你斩断上一份情丝放过自己后的某一天。

对待感情的态度，希望每个人都能够尽量做到“往事不回头，以后不将就”。因为，只有挥手告别错的人，才能给对的人腾出位置。你越早结束错的缘分，对的人才有可能早日到来。

泰剧《不情愿的新娘》就是一个因祸结缘的故事。女主和男主的相遇、相爱、相许，都是因为一个莫名其妙的错误开始。

故事的开头，女主角和男主角均在婚礼上遭遇另一半的逃婚，阴差阳错地相遇了。两个陌生人互诉衷肠，相似的经历让他们走得很近。然后，在酒精的作用下，俩人提前“圆了房”。

对女主角而言，这一天想必是糟透了——未婚夫逃婚，又与一个陌生男人有了瓜葛，因为种种原因，两个人不得不假结婚。冥冥之中，他们的命运紧紧地联系在一起。

婚后，他们一起经历了种种磨难，共同解决生活中的难题。慢慢地，两人互生情愫，终成眷属。

你看，对于错误的缘分，你不必留恋，也不必费尽心机去挽留。因为你永远都不会知道，下一份命运的馈赠会是多大的惊喜。失去一段缘分，一定会有一段新的缘分补上，属于你的真爱可能就在前面等着你。

感情里从来没有暂停键，只有终止键，一旦按下那个按钮，一切再无法回头，纵使有再多的回忆、情缘再难割舍，你也无能为力。

爱情这东西，常常会猝不及防地降临，又会悄无声息地离去，只剩我们自己驻留在原地。只是，缘聚缘散，皆有定数。我们只盼在相爱的时候用力去爱，在不爱的时候放过彼此，只要在时光里不辜负感情里的对方，便已是圆满。

3. 你当爱别人，更要爱自己

电视剧《亲爱的翻译官》里有句台词，至今我记忆犹新："在不爱你的人面前，你最大的错误就是你的一往情深。"

爱情燃烧的时候，会让你美得发光；爱情消失的时候，也会让你倏地一下黯然无光。

比起生命里的其他风雨，失恋本身应该不算一件大事，但可怕的是，失恋会让一个人失落、自卑甚至堕落。

其实，不是你不好，而是他不再爱你了。

高铁站里，人来人往，行色匆匆，但这也是情感表达最真实的场所。离别、拥吻、挽留，甚至是分手，人在匆忙间，脸上的表情是骗不了人的。

朵朵死死地拽着男友的衣角，声泪俱下地乞求着，但换来的只有他一脸的冷漠。男友毫不犹豫地甩开了她的手，拖着行李箱转身离开了，只留下她一个人在熙熙攘攘的候车室里怅然若失。

朵朵与男友相恋5年，这5年来，她省吃俭用，从物质到精神上全力支持对方。原本二人已经到了谈婚论嫁的阶段，现在男友突然提出分手，说是家人嫌弃朵朵学历低、能力差、见识少，不能做贤内助。

分手的时候，男人一脸的嫌弃："你看看你，浑身上下哪一点儿配得上我？要脸蛋没脸蛋，要身材没身材，更没有好的学历，带出去也丢人。家人也不同意，我总不能为了你跟家人决裂吧？我们的关系就到这里吧。"

朵朵不愿失去眼前这个男人，不管不顾地追到高铁站，想做最后的挽留。她承诺自己哪里不好都可以改，一定会改到对方满意为止。结果呢，她不过是自取其辱——男人直言这5年自己受够了，现在多看她一眼都觉得是浪费时间。

朵朵真的想不通，为什么当初她抵挡不住对方猛烈的爱情攻势，两个人迅速坠入爱河，爱得轰轰烈烈，在朋友眼中也是那么般配。现在为什么是这样的结果，自己真的很糟糕吗？

也许这就是恋爱中男女的差异吧。最开始的时候，男人很爱很爱你，越到后面这种爱的浓度就会降低；姑娘则恰好相反，越到恋爱的后期，她们越会无法自拔，付出的越来越多。

有时候，一个人会无限放大你的缺点，只是想快点结束你们的关系。其实，你还是原来的你，不是你不好，而是他不再爱你了。

朋友素锦是某平台的情感主播，关于分手，她的一番见解倒是颇有见地：其实，大多数人在分手的时候，所谓的说辞都是加以掩饰的借口，所以永远不要去问对方为什么要分手，因为那些理由都不是真的。

分手的理由可以说五花八门，有人因三观不合而分手，有人因为对方太好、不适合自己而分手，有人因为无法忍受对方的吃相而分手，有人因为父母的反对而分手……

其实，分手的理由与辞职的理由差不多，之所以不说出真正的理由而去找借口，要么是担心对方不肯放手，希望快点离开；要么是真正的理由会伤到彼此，说不出口。

我很喜欢一句话："当你想做一件事情的时候，你会找方法；当你不想做一件事情的时候，你会找借口。"

爱你，只有一个理由；不爱你，却有千千万万个借口。当然，有些恋情戛然而止确实有不得已的理由。但任何一段关系的终止都不是突然的，两个人一定都感受得到，所以别再去追问为什么，分手后也别去浪费时间弄明白分手的真正原因，没必要。

有时候爱情真的没什么道理可言，喜欢你的时候，可以接受你一切的不完美，你任性发脾气的模样也是那么可爱；可当爱走了，你的一丁点儿小错误，他都会满眼嫌弃。

那个闯入你生活的人离开了，短期内你可能会失去生活的重心，毕竟又重新回归到一个人的状态，你会觉得不习惯。可那些长期走不出失恋伤痛的人，因为上一段感情的失败开始怀疑自己，变得敏感脆弱不自信，这才是最为致命的。

失恋最可怕的地方，从来都不是失去了对方，而是因为失去了爱，让一个人变得自卑敏感。

其实，这种心态归根到底还是因为缺乏安全感，认为自己不值得被爱。可你知道吗？爱你的人会因为你的闪光点而爱上你，也会因为爱你而接纳你的不完美——而那些刻意放大你的不完美的他，并不爱你啊！

何苦为了不爱你的人而为难自己呢？以前的你很好，现在的你也不差，未来的你会更好。请你相信自己、接纳自己、喜欢自己，千万不要因为前任的嫌弃而去质疑自己。

上帝创造的每一个生命都是天使，无论我们相貌出众或者姿色平平，富贵或者贫穷，才华横溢或者平凡无为，都值得被爱。

4. 同频的爱情最长久

你是什么人，自然就会吸引到与你一样的人。

这一生，我们遇见爱不稀罕，稀罕的是遇见真爱。而最珍贵的是，你遇见了真爱，而且对方愿意以你喜欢的方式爱你。

不同频的两个人，要靠近彼此很难，同频的两个人相遇、相爱就会幸福很多。但那些同频的爱情，后来都怎么样了？

朋友小柒恋爱一年多了，她和王先生似乎还跟热恋的时候一样，沉浸在彼此宠溺的幸福中。

小柒和王先生拥有共同的生活观，所以在小柒决定辞职创业的时候，王先生毫不犹豫地跟小柒站在了一起，送上爱的鼓励和支持，这在一定程度上缓解了她的压力。当然，他们的兴趣略有不同——小柒热爱旅游，王先生就陪她走遍千山万水；王先生喜欢京剧，小柒也会认真地跟他一起分享。

在两个人的成长中，没有一方会缺席另一方的重要时刻；在一方摔倒的时候，另一方一定会跑到对方身边，搀扶起对方继续向前；在发生矛盾的时候，他们也会想想对方的好——爱的力量总会最大限度地化解问题。

“他真的很好，对我很好。当然，我对他也好。”

我想，这可能就是同频的爱情，对彼此而言，他（她）就是另一个自己——你怎样对待自己，就会怎样对待对方。

大多数人都不会轻易去触碰异地恋，因为他们认为距离产生不了美，只会造成许多遗憾。但也有例外，小穗就遇到了她生命里的那颗璀璨之星。

朋友圈里，我特别关注的好友为数不多，小穗算是一个。她定时定点地撒狗粮，分享与男朋友朱先生的幸福时刻——可能是一些猝不及防的小惊喜，可能是结伴出游中的小感动，可能是放长假时两个人一起宅在家里看电影、追剧，可能是他对她工作的一次次鼓励。

每一次的地理定位，似乎都在诉说着爱情的力量。

是的，他们异地恋两年了，却总有聊不完的话题，总有想要一起去做的事情，总有说不完的幸福时刻。

我问小穗：“有没有担心过万一异地恋走不下去了呢？”

小穗说：“没有想过，我相信我们之间的感情，也不急于得到那个最终的结果。曾经，在最想嫁人的年纪，我没有遇到肯真心娶我的人。现在，我确信遇到了自己想嫁的、也诚心诚意想娶我的人。我们能够穿越两千公里相识、相爱，我想是月老的那根红线把我们紧紧地绑在了一起。有时候缘分真的很奇妙，对吗？”

实际上，对的人就是在不经意间来到你的身边。你们有着一致的三观，有着相近的兴趣，有着相似或互补的性格，你懂他的不容易，他懂你的每一次选择。

每天不管忙到多晚，两个人一定要通电话或者视频。他会叮嘱她按时作息，或在她做方案想不到好主意时，他会去找朋友帮忙，在屏幕那边为她解决难题。她也会倾听他的心事，在他犹豫不决的时候为他分析利弊，给他加油打气。

距离阻挡不了爱情，也没有挡住两个人的思念。终于，在今年年底，他们准备来到新的城市继续爱情的征程，携手并进。

如果说异地恋要靠什么走下去，我想就是如此这般的“同频共振”吧。一见倾心时，同样的心跳；深入交往时，灵魂的相似；异地时，浓烈的情愫。

“同频共振”源于物理学，指一处声波与另一处频率相同的声波相遇，会发出更强的声波震荡。后来延伸到其他方面，指因为思想、意识等相近而引起共鸣，相互吸引，相互影响。

这也是吸引力法则的理论基础，正如朗达·拜恩在《秘密》一书中所说：“思想是具有磁性的，并且有着某种频率。当你思考时，那些思想就发送到宇宙中，然后吸引所有相同频率的同类事物。所有发出的思想都会回到源头——你。”

爱情里的同频共振，是两个有着相似灵魂的人，在某一时刻被吸引到彼此身边，唤起双方更大的能量，更快地前进，更好地成就彼此。

在爱情里，最不计较付出的不是卑微的爱，更不是将就的爱，而是同频的爱。

有这样一个故事：他们是彼此的另一半，也是彼此最好的朋友。他们有着共同的喜好，一起工作，一起做自己喜欢的事，牵着手环球旅行，拍自己喜欢的照片，即便是天天腻在一起也是一种享受，永远保持着热恋时的甜蜜。

这是花臂小姐和辫子先生的爱情故事，他们就是情感作家百勒丝及其丈夫刘雷门。

《写给城市的诗》一歌也唱出了对同频爱情的憧憬：“在这城市里，我坚持地相信，一定会有那么一个人，想着同样事情，怀着相似频率，在某站寂寞的出口，安排好了与我相遇。”

同频的爱情，爱意相通，情意相投，或许只是一个表情或者一个动作，你便懂我所想。同频的另一半是你成长的加速器，遇见他，你的人生和梦想才会真正起航。

5. 愿有人为你从尘埃里开出花

张小娴说："卑微的爱无法爱到地老天荒，它总难免会有终结的一天，然后就不爱了，然后就明白爱不是一种施予和乞讨。爱你的，又怎会舍得你卑微。"

当你低入尘埃的时候，可能连同自己也埋进了尘埃，他的眼里更看不到你了，你想要的那朵花怕是开不出来了。

很多时候，你肯低入尘埃，他却不肯为你开花。可爱上一个人就像中了蛊惑，深陷其中无法自拔。

最近一期的某电视节目，有一名女嘉宾看着让人揪心。

相恋近一年，姑娘的男朋友留下一句"分手快乐"就走了。姑娘不知道为什么会这样，自小娇生惯养的她，从一开始主动去追男方，到后来愿意为了他学着做家务、做饭。她很不甘心，希望再挽留一下这段感情，毕竟自己付出了那么多。

看到台上痴情又爱得卑微的姑娘，我不免有些难受——面对姑娘的付出和改变，男生显然并不在意。我再细心观察，台上男生的微表情已经出卖了他。

当女生提及男生在热恋期如何对她好的时候，他一脸的自豪，很有成就感；可当女生说到自己付出了多少的时候，他一脸的漠然，一副事不关己的样子。

男生坦言，他认为做饭、做家务这些事情本来就是一个女生独立生活的基本能力，应该从小就培养起来。而在女生看来，这很难理解。恋爱之初自己就是这样，他为什么可以无限地包容自己，把自己的生活照顾得妥妥帖帖，现在怎么说变就变了呢？

看到这里，连我妈都有些看不下去了，说要是女孩的父母看到这一幕怕是会心疼死。

姑娘爱得太卑微了，男生嘴上说的种种“不合适”，只不过是不爱了的借口而已。喜欢你的时候，你怎样都是可爱的；不喜欢你的时候，你做得再多，在他眼里都是嫌弃你的借口罢了。

在这段感情中，自始至终，女孩都在苦苦哀求跟对方在一起，她一次次妥协和让步，最终失去了自我。

姑娘，你要明白，不对等的爱，你再如何低入尘埃，他也不会为你开出花来。

关于女追男，我一直不太鼓励。因为有太多的姑娘只看到了“女追男，隔层纱”，却忽略了面对不喜欢的人，隔的都是千年雪山。更有些姑娘把握不好追的尺度，往往是勉强了别人，也伤害了自己。

这个世界上有些东西着实勉强不得，譬如爱情。爱情讲究两情相悦，一个人的独角戏，戏散后终是一场空。

张爱玲说："喜欢一个人，会卑微到尘埃里，然后开出花来。"可大多数卑微至尘埃里的爱，却很难真正地开出花来。张爱玲与胡兰成的爱情便是如此。

张爱玲说："见了他，她变得很低很低，低到尘埃里。但她心里是欢喜的，从尘埃里开出花来。"

张爱玲是孤傲的，可在胡兰成面前，她把自己放得很低。他们相遇之时，胡兰成是有家室的，可她还是不可救药地爱上了他，或许是因为他对她的那份"懂得"。她甚至在信中说："我想过，你将来就是在我这里来来去去亦可以。"

看来，如此才情卓绝的女子，遇见爱情竟也是这般委曲求全。

那时张爱玲对什么都不在意，唯独在意他们之间的这份炽热的爱。后来，他们结婚了。婚书中，胡兰成撰词："愿使岁月静好，现世安稳。"这是他对张爱玲一生的许诺，只不过这个"一生"是如此短暂。

婚后的胡兰成，因局势动荡而逃难在外。即便如此，他还是不断地出轨，甚至将自己的风流韵事告知张爱玲。张爱玲自然是痛苦的，可在胡兰成的眼里，这一切根本不值一提。张爱玲一次次地容忍，为他流干了眼泪，曾试图逼他做出选择，可他哪里肯为了她这棵树放弃整片森林？

没办法，张爱玲放不下胡兰成，舍不得他吃苦，继续寄钱接济他。她还是爱这个男人的，只不过，慢慢地他对她已是冷漠至极，她对他也不抱任何希望了。

终于，失望至极的张爱玲写下诀别书："我已经不喜欢你了……你不要来寻我，即或写信来，我亦是不看的了。"并随信附上30万元（法币）"分手费"，这想必是她对这份"倾城之恋"最后的交代吧。

与大多数痴情女子一样，张爱玲爱上了一个人便很难抽身。其实，对于他们爱情之花的枯竭，她一直都是知晓的，只不过她在自欺欺人罢了。

张爱玲痴情的爱，并没有换来胡兰成对等的爱，卑微至尘埃的爱情终究没有开出花来。但好在，她终究还是放手了，成全了自己，也放过了胡兰成。

生活中也不乏这样的姑娘，她会为爱倾注所有，只要能与对方在一起，可以不计代价——为了守住爱情，可以为他低头，为他放弃自我，劈腿可以原谅，家暴可以容忍，最后完全变成曾经自己最讨厌的模样，可终究还是没能守住这份爱。

前段时间，读者群里也刚好聊到这个话题：无条件的爱究竟能够走多远？

我们一致认为，无论对方有没有反馈，无论对方如何对待自己，毫无保留地付出、无条件地去爱，这样的爱走不远。因为，这样的爱到后来会发展为一种执念。

其实，你也知道，如果他不爱了，勉强维系一份已经枯萎的爱情是不会有结果的。

有些人注定是我们生命中的过客，缘灭人散是必然。你那么努力、那么拼命想要留住的，也许只是一份执念或者回忆，并不是爱情。

我知道，你对他的爱只能算是单相思，因为无论是费力地讨好，还是卑微地迁就，他的眼里没有你，心里更没有你。如果你走不进一个人的心，请你停下来别再走了，好吗？等不到的人，便别等了，回头吧。

感情是需要回馈的，一腔孤勇也需要爱的回馈——我可以为你冲锋陷阵，可你也要上点心。为了走近你，我已经走了九十九步，如果连最后一步你都不肯走的话，那便到此为止吧。

这世上真正能够配得起你的深情的，到底还是那个肯给予你对等的爱的他。你为爱他而低到尘埃，他也愿意为你开花。

6. 你可以不完美，但不能不独立

有一种爱情，分开的时候，他们是各自的女王和英雄；相爱的时候，他们“天下无敌”。

好的爱情，可以形影不离地黏在一起，相依相偎，也可以彼此独立地拥有自我。

我见过不少甜蜜的爱情，可一直保持甜而不腻的并不容易。我们都知道，一旦过了热恋期，多数人的恋爱多多少少会回归平淡，有些人会因为失去新鲜感而不耐烦，也有些人的感情会慢慢被时间冲淡。

冯芷与白哥算是例外。

KTV 里，白哥终于盼来了吐槽冯芷的机会，说她唱歌“五音不全，对不起观众，影响大家的听觉体验”，可眼神里流露出来的是霸道总裁式的宠溺。

不明真相的观众总会被迷惑，毕竟在公司里，冯芷和白哥经常性一言不合就互相挤对，完全不给对方留情面。可大家不知道，其实针锋相对的背后是打情骂俏。

很多人觉得奇怪，这两个人看起来格格不入，却又像是最了解彼此的人。办公室恋情嘛，多多少少要隐藏些许的，可喜欢是藏不住的，就算不说出来也会从眼神里冒出来。

有一次，同事老梁对冯芷说：“你说你好歹也是堂堂的销售总监，要是客户点名让你唱歌，你这声音太‘一言难尽’了。”

老梁本以为会收到冯芷的一顿暴打，谁知率先接到白哥凌厉的目光——对方恨不得吞了他。顶头上司的一个眼神，足以让老梁“低头”，等着他的下一句恐怕是：“这个月的绩效奖金，小心被你作没了。”

老梁心里当然委屈：好你个老白，你自己可以奚落冯芷，我不过是调侃，你就这么“护短”。

情侣之间，日常再如何挤对，也容不下旁人的三两句刻薄之言。他们吵得太凶了，我也会稍微调和一下。唉，朋友难当，挤对情侣的朋友更难当。

他们俩的相处无非是：我看着你往前走，撒手不管，可你要是真的磕着碰着了我也会心疼；我们彼此独立，你做你的女王，但谁要是欺负你，我一定会拼命维护你。

上个月，二人传来喜讯。我向冯芷讨教他们是如何给感情保鲜的，冯芷说：“爱情里最大的底气，是保持独立的自我。”

是啊，爱情是两个人的事，可两个人在一起的前提是：你是你，我是我，我会为你做出适当的妥协，但不会为你失去自我。因为，当我都不是我了，你又该去爱谁呢？

甜而不腻，是因为留有余地，否则长期黏在一起，连空气都会窒息，何况是人？

相爱，有了灵魂的契合，还需要保有分寸感——独立而有魅力的姑娘，最不缺爱。她们是先爱己后爱人的，她们知道爱情是生活的一部分，而不是生命的所有。

“一生一世一双人”的爱情，我们都羡慕。

隔壁小区的李大妈和陈大爷，他们可以说是“模范老伴”了。每天晨跑的时候，我都会看到他们彼此搀扶着散步。李大妈累了，陈大爷就会扶她到休息区唠唠嗑。李大妈很淘气，常常“欺负”陈大爷，他常常被她逗乐。

在他们的金婚宴上，陈大爷牵着李大妈的手，说起了几十年来共同经历的风雨。年轻的时候，他们有着各自的事业，从不干涉另一半。他们也有着各自的朋友，偶尔相聚，偶尔分开。回到家，两个人也不会非要黏在一起——你看你的学术文献，我做我的商业项目。

在他们家，从来没有分工这个环节，因为他们一起做着每一件事：一起做饭、一起洗碗、一起做家务。遇到大小节日，陈大爷都会准备小礼物，不过那时候家里没什么钱，他会亲手制作一些小玩意儿去讨李大妈的欢心。

最让李大妈感动的是，当初的一句无心之语，让陈大爷记了一辈子，也坚持了一辈子。

李大妈从纸箱里拿出一摞书信，这是几十年来她收到的情书，每日一封，从未间断。热恋的时候，李大妈说希望自己可以收一辈子情书，陈大爷真的就这样坚持了下来。

两个人在一起的时候，自然是彼此搀扶，互相依赖。在陈大爷病重的日子里，李大妈毫不犹豫地扛起了家里的重担，忙里忙外，熬过了人生中最艰难的日子。

李大妈说，这个世界上没有什么爱情捷径，也没有什么驭夫之术，只有一片赤诚和两颗真心。

爱情不是为了让你逃避独立，相反，保持独立会让你们的爱情之火越燃越旺，生生不息。分开的时候，你要做自己的女王；在一起的时候，你们可以拥抱全世界。

每个成年人都是独立的个体，相爱是独立之外的相融与依赖。你可以依赖，但不要失去自我。爱情应该是滋养你人生的养分，得之，锦上添花；失之，也不会让你难以成长。

周国平说："爱，可以让你不寂寞，但是却无法让你不孤独。即使是最亲密的爱情、最贴心的爱人，不能也不应该替代你自己。很多时候，我们需要和自己的内心对话，不要把这个责任强加到爱人身上。作为独立的人，我们应有所担当，应有能力照顾好自己的情绪和生活。"

你说，是背着一个沉重的担子走得快，还是与同路人并肩而行走得快？那么，在爱情里，你是愿意做那个同路人，还是压倒对方的重担呢？

爱人的出现，能够点亮你的前路，却不能代替你去摸索真正的方向。

我常常跟朋友说，只有过好一个人的生活，才有能力、有资格经营好两个人的生活。高质量的爱情需要两个成熟的个体共同经营，你们的婚姻是 1+1>2，而不是 1+1 ≤ 2。

正如舒婷在《致橡树》一诗中所说："我们……仿佛永远分离，却又终身相依。这才是伟大的爱情，坚贞就在这里：爱——不仅爱你伟岸的身躯，也爱你坚持的位置，脚下的土地。"

爱情不是要你依附谁，而是要你为爱更加勇敢，为爱变得更好。风雨再大，一个人可以走过，但两个人可以走得更远。势均力敌的资本不是天生的，你可以一点一滴地用力生长，一路前行。

爱情里，你可以不完美，但不能不独立。

Charpter4

未来的你，一定会感谢今天的断舍离

我们的一生，总不可避免地要去做选择，而每一次选择都是断舍离。放下越多，你才能拥有更多。

1. 你的善良必须有点锋芒

人生的路该怎么走，永远只与你自己有关。如果你总是对自己的错误耿耿于怀，或者拿别人的错误来惩罚自己，那你的人生之路只会越走越窄。

别为他人的错误惩罚自己，那不值得，也很愚蠢。

你很普通，不是匡扶济世的大英雄，肩膀上扛不起所有人的命运。别人的错误是他们的，你不要为他们的错误买单。

子凡是家里的长子，小时候弟弟妹妹犯了错，一直都是做哥哥的他“顶包”。作为老大，他觉得多负担一些也没什么，但慢慢地，他却养成了动不动就“拔刀相助”的性格。可是你要知道，超过自己能力范围内的“助人为乐”并不是什么好事。

身边的朋友有什么事都来找子凡，小事就不说了，但借钱这种事可不算小，并且借钱的数目越来越大，从几百元发展到后来的几千几万元。

可有个别朋友，也不求上进，借了钱从来不想着早些还。他们不是知道子凡只是一个普通白领，他自己尚且没有买房买车，仅有的那点存款也大多寄回了家里，能剩下多少闲钱呢？

子凡越是慷慨相济，这样的人越是肆无忌惮地索要，甚至觉得这是理所应当的。因为结婚，家里急需用钱，他第一次催促其中一个借了钱的朋友能否先还一部分，结果被对方拉黑了。

后来，听说这个朋友欠下高利贷，只好铤而走险去赌博，最后却搞得自己倾家荡产。闻讯后，子凡再次陷入自责中——如果当时我多帮他一把，不急着催他还钱，可能就不会出现这样的结果了。

妻子彭路深知丈夫的心结，一针见血地说："子凡，这怎么会是你的错呢？我知道你为人善良，可你不过是他的朋友，劝导的话你没少说，钱也没少借，你对他算是仁至义尽了。况且那次催他还钱，你是迫不得已，后来他不也拉黑你了吗？他自己误入歧途，你不要把错误归咎到自己身上。我不反对你帮朋友，但咱们能力有限，只能点到为止。"

在我看来，子凡最大的错误就是模糊了朋友间的界限，帮人过了头，而那会让对方得寸进尺，自己也吃力不讨好。像这种"吃人"的朋友，没必要为他内疚，早该断交。

为人处世，我们可以善良，但不可以犯傻，你的善良还是要有点锋芒。

朋友之间，不竭余力地帮忙是情分，不是本分，别人也不欠你的，你的人生只能自己买单。

有时候看到身边的朋友误入歧途，我们总是不免陷入内疚，往往会放大自己的责任，而忽视对方本来的错误。我们都不是救世主，没有那么大的能耐，朋友的失足真的与你无关，别再用他们的错误来惩罚自己了。

自媒体时代，网络“喷子”处处可见，对于辛苦耕耘的作者而言，这也算得上不小的压力，对此我深有体会。比如，他们甚至可能只看了下你文章的标题就开始肆意谩骂，只管自己开心。如果你跟他们较真，怕是要搭上大量的时间和精力，结果还徒劳无功。

通常来说，遇到这样的网友，我是不理睬的，因为没有任何意义——你跟他们讲道理，他们只想跟你打口仗。屏幕的对面不过是陌生人，何必跟不相干的人置气呢？

公道自在人心。随着时间的冲刷，你的旧文章会被冲下去，新文章又会发表，他们就会找到新话题去“杠”你，抑或也会出现一批三观正的良心读者在闲暇之际为你发声。所以说，你需要做的就是静下心来做自己的事情，不要被嘈杂的声音所影响。如此，他们的语言对你也就不会有什么杀伤力。

有句话说：“常与同好争高下，不与傻瓜论短长。”宁愿跟志同道合的人一较高下， 也别跟层次不同的人多说一句话。 因为，优秀的人争论是为了解决问题，而不讲理的人争论只是为了赢，为了刷存在感，于事情本身无丝毫裨益。

一生中，我们难免会遭遇一些不好的事情，可能是一次情感的创伤，可能是一次旁人无故的诋毁，也可能是原生家庭的无奈与辛酸。

常有读者来问：怎么做才能让自己从阴影中走出来？其实，钥匙就在你自己的手里。回忆一下，你是不是总喜欢找自己身上的毛病？失恋了，你想到的不是感情沟通上出了什么问题，而是自己哪里不好，于是陷入自卑；工作不顺，你没有想着追根溯源，而是感觉自己可能不适合这份工作，于是你又开始怀疑自己。

《高效能人士的七个习惯》一书中指出："实际上伤我们最深的，既不是别人的所作所为，也不是自己所犯的错误，而是我们对错误的回应。就仿佛被毒蛇咬后，如果一心忙着抓蛇，只会让毒性发作更快，倒不如尽快设法排出毒液。"

所以，要想从阴影中解脱出来，你就必须直面阴影，除此别无他法。

无论是爱揽责任的你，还是因为受了伤害而久久无法释怀的你，都是在用别人的错误惩罚自己，这是对自己的一种折磨，也是最无效的解决方式。

别再做如此愚蠢的事了，好吗？

2. 趁早远离一味消耗你的人

这个世界上有两种事情最无意义：一是没完没了的抱怨，一是一味地自怨自艾。

生活中，困难时常会有，抱怨也好，自怨自艾也罢，除了消耗自己和别人的时间和精力，没什么用。

好的感情，彼此成就；坏的感情，彼此消耗。

断舍离的时机很重要，绝交要趁早——趁早远离一味消耗你的人。

方晴终于忍无可忍，拉黑了唐菁。

方晴和唐菁是发小，自小一起上学、一起玩耍，形影不离。工作以后，又在同一座城市，关系依旧很好，无话不谈。

三年了，唐菁永远都在吐槽老板、同事，而自己并不去做任何改变。每次，方晴静静地听她发牢骚，一面安慰她，一面旁敲侧击地给她一些建议，譬如如何改善与老板和同事的关系，如何消解负面情绪，如何苦中作乐。

可这些建议每次都被唐菁驳回了，她总有理由："没用的，老板和同事总是那么难缠。我总有各种烦心事，情绪根本调节不了。苦中哪里有乐？"

如果方晴继续劝解，唐菁又会抱怨方晴不理解自己。时间长了，方晴自知开导不了她，只能由她去吧。

每次与唐菁见面，方晴都备感压抑，觉得自己就像唐菁的"情绪垃圾桶"。唐菁"倒完垃圾"倒是舒服了，但方晴整个人的状态却会变差。

对于方晴的不适，唐菁却无动于衷，她总在发泄着自己的负能量，却不肯为朋友设身处地地想一想——她从来没想过可能朋友也需要倾诉，也希望她可以帮助解决一些生活中的问题。

方晴一心求上进，她想抓住周末复习考研，唐菁居然总是来找她去逛街、看电影，导致她无法安心学习。最后，方晴果断地下了狠心，与这个相交多年的闺密断交了。

其实，唐菁今日的行为，早在上学时就有预兆。那时候，唐菁贪玩，经常逃课，有时还拉着方晴做伴。直到被老师发现，方晴才意识到问题的严重性。

原来，那时候唐菁就已经开始消耗方晴了——自己不爱学习，就拉着朋友一起逃课；自己负能量爆棚，就传递给朋友消极情绪："我不开心，你是我的朋友，你也得陪着我分担我的不开心。"

一味消耗你的人，他们不仅会不断向你输入负面信息，有的人甚至缺乏同理心，自私自利。与这样的人相交，总有一天你会被耗尽一切。

当然，每个人都会有消极的时候，偶尔跟朋友倾诉也是正常的，但凡事要适可而止。如果你控制不了自己的负面情绪，倒不妨暂时减少与朋友的联系，毕竟朋友没义务去消化你的负能量。

感情需要经营，友谊也不例外。对一段友谊最大的尊重，莫过于在自己有负能量的时候，尽量避免向朋友传递。

好的朋友，你们可以共患难，对方只希望你越来越好，绝不会一起堕落。所以说，遇到一味消耗你的人，无论是友情还是爱情，你都要及时止损。

朋友圈里，那些用“人情”消耗我们的人才是最可怕的。最近，芊芊就遭遇了这种“人情”的消耗。

高中同学李玲得知芊芊在深圳开了自己的工作室，直言要来投奔。芊芊提醒李玲，工作室刚成立不久，各方面的工作需要全面展开，工作压力很大，怕她吃不消，建议她要深思熟虑。

李玲坚持己见，芊芊觉得两人毕竟有同窗的情分，于是顶着压力应承下来，之后为老同学接风洗尘，安排住处。

不出所料，如此高压的工作氛围，李玲根本吃不消，接着连连向芊芊抱怨。芊芊也曾经试图帮助李玲调整状态去适应新环境，但都失败了。因为李玲习惯了浑浑噩噩的工作，只想靠着老同学带自己一步登天，却不想付出更多，更不愿做出任何改变。

没办法，李玲终于不甘忍受，向芊芊提出辞职，并希望她能够推荐一份新工作。

芊芊就发动圈子里的人，为李玲争取到了去一家资源、平台、薪资都很优越的大公司的工作机会。可没过多久，因为懒散的工作态度和业绩很差，李玲被开除了。

大城市的生活压力让李玲失去了所有的耐心，她准备离开。临行前，她约芊芊出来相聚。一开始她还略有些感恩的心，说到后面，从吐槽大城市到数落工作，最后干脆抱怨起芊芊来："老同学，你在这边混得也不怎么样嘛，连个工作都不能帮我搞定，我还以为抱着你这棵大树好乘凉呢。"

场面顿时有些尴尬，芊芊苦笑道："是啊，我早就提醒过你，我没有你想象中过得那么容易。"

李玲回去之后，芊芊就删了她所有的联系方式。

说起来，她们两个人是老同学不假，但交情一般，多年没有联系过。对李玲这种人而言，芊芊也算是仁至义尽了——因为帮她找工作，自己不知道得罪了多少圈子里的熟人；帮她找房子，知道她工资不多，替她预付了前三个月的房租；知道她没什么朋友，一有时间就带着她逛深圳。临走却被她数落一番，换谁都不想再跟这种人有任何瓜葛了。

这些年来，我发现了一个规律：优秀的人往往怀着一颗谦逊、感恩的心。而越是能力不足的人，越是爱抱怨。

那些习惯于消耗人情的人，往往会有这样一种奇怪的想法："老同学，现在你发达了，可得罩着我。"往往，他们只想抱大腿，不想付出，更别提努力了。

"咱们都是朋友，我就住你家几个月怎么了？这么多年的交情，你还好意思跟我要房租？"往往，他们一住就不走了。

"你是一个资深文案专家，业务那么熟练，帮我免费写个案子怎么了？"往往，他们过后还会对你写的案子百般挑剔。

总之，一旦你没有让他们如愿，他们一定会四处抱怨，总觉得你对不起他们。

像这样的人，严重缺乏边界感，他们忘记了别人帮你是情分，不帮你是本分。

我是非常"佩服"这些不断消耗人情的人，他们怎么就开得了那个口，怎么好意思一次次地麻烦那些可能与他们根本就不熟的人？

乐于助人本是好事，但遇到那些一味消耗人情而没有半分感恩之心的人，趁早远离他们才是上策。

习惯于一味消耗你的人，就像吸血鬼，会一点点地将你完全榨干。而你需要做的，就是拒绝他们的无理要求，毕竟你们只是朋友，你没义务为他们负责。

有些人打着友情或者爱情的幌子，不停地倾倒着他们所有的"不快"，消耗你的感情、你的正能量——对他们而言，你只是一个"情绪垃圾桶"。

还有些人仗着与你或亲或疏的交情，消耗你的人脉、你的资源，却毫无感恩之心——对他们而言，你只不过是一棵好乘凉的大树。

有时候，我们走了心，用了情，到头来耗尽自己的所有却一无所获。要知道，电池续航能力再强的手机，只要不充电，总会耗尽电量而自动关机。

老人常说“交友需谨慎”，这话没毛病。趁早远离一味消耗你的人，你的人生才能够越走越顺。

3. 与其凑合，不如及时止损

衣服破了，缝缝补补还能凑合着穿。可一段关系如果破裂了，是无法修补的，正所谓破镜难圆。

人们常说："凑合着过吧。"抱歉，生活真凑合不了。

有一年，我在公司附近租了一居室住，一年多后才发现房子的隔音效果很差。因为，隔壁搬来一对小夫妻，晚上我总能听到隔壁传来很大的嘈杂声，经常半夜时分被吵醒。

我不知道这夫妻俩是做什么工作的，反正从早到晚，两个人不是吵架就是打架，各种摔、砸，东西丁零咣当地撒一地。其他邻居有怎样的感受我不知道，反正那段时间我都快神经衰弱了。

有一次下班早，我刚好瞧见他们家狼藉的现场，女主人踉跄地收拾着残局。她请我进门，我小心翼翼地走进去，看到墙上摇摇欲坠的婚纱照，茶几上的裂痕，她脸上的伤痕……显而易见，打扫"现场"是她的一部分工作。

她倒了一杯热茶给我，说：“你是隔壁的吧？不好意思，我们……应该吵到你了吧？”

我有些为难，其实我一直就想找他们理论一番，毕竟自己已经失眠一个多月了，但看到眼前的情景，我竟有些不忍，只违心地说了句“没事”。接着，我问她：“你这伤要紧吗？要不要我带你去诊所看看？”

她的眼泪在眼眶里打转，却又有些无奈。“谢谢你，不用了。那些外伤药我常备着呢，回头擦一下就好了。”

我不敢问，甚至不敢去想象究竟是一个什么样的男人会对自己的妻子下这么重的手。其实，根据经验，就算我问了她也不会说实话，我看得出她想逃离那个家，但又无法摆脱这种宿命。

后来，有一次在医院体检时，我又偶遇她。她显得更加瘦弱了，手里抱着一堆瓶瓶罐罐，看到我头也不回地躲开了。我知道，她还在忍受着丈夫的家暴，但她没有勇气离开。也许她曾经无数次地想离开，可是内心深处总有个声音在阻拦她迈出这一步：“算了，凑合着过吧。”

生活中，像她这样的姑娘肯定还有很多。走入婚姻，本以为面前的男人会为她们遮风挡雨，谁想到却带来了更多的风雨。面对家暴，她们束手无策，离开吗？可孩子怎么办？自己一个人能够给孩子更好的生活吗？

长辈们也是劝和不劝离，慢慢地，她们就接受了“洗脑”——是啊，摊上这样的男人只好认命了。

她们一次又一次地忍耐，对方却下手越来越狠，就连孩子也害怕地躲在角落里哭泣。家庭其实早就破碎了，这样持续下去，反倒会给孩子的心带来不可磨灭的创伤。

朋友圈里有个女孩子叫琴子，她属于闪婚闪离那种。

“你们都觉得我任性吧？其实不是，我亏就亏在心太软，止损太晚了。”在我们面前，琴子是满脸的委屈。

原来，婚前男友就有偷腥的迹象——琴子总是不经意间发现他跟其他女生大半夜地聊暧昧话题，对象还不止一个。

琴子想分手，可父母不同意。母亲劝解她：“他就是爱玩，等你们结了婚，他就收心了。三十岁的姑娘，别再挑了。”父亲更是逼她赶紧结婚，她只好作罢，抱着侥幸的心理结了婚。

婚后，丈夫确实收敛了不少。有一次，因为公派出差，琴子离家数日，回来后发现丈夫突然举动异常，表现得非常殷勤。

要知道，以前丈夫最讨厌“低头族”，如今却 180 度大转弯。琴子总觉得哪儿不对劲，女人的直觉告诉她，肯定有事发生了。

丈夫开始手机不离身，就连去卫生间也要带着。可人总有疏忽的时候，琴子说是因为工作需求，借丈夫的手机扫码，丈夫也没多想，随手把手机递了过去。

琴子刚拿到手机，就收到一条微信消息：“老公，人家好想你……”还没看完后面更露骨的微信消息，琴子差点气晕过去。

面对琴子的质问，丈夫扑通一下跪在她面前，各种认错求饶。

琴子心软，想着他是婚后初犯，也怕父母担心，便原谅了他。

在琴子原谅丈夫不到一个月的时间里，他死性不改，再次出轨。这一次，说什么琴子也不会再原谅他了，她提出离婚。丈夫自然不肯，又去老丈人家使出“苦肉计”。

父母心软，帮忙劝说琴子：“孩子，你们刚结婚不久，这么贸然离婚对你不好。算了吧，凑合着过吧。”

琴子气不打一处来，坚决要离婚。

“爸，妈，婚前我已经为你们妥协过一次了。他一次次地挑战我的底线，婚前你们说他贪玩，看他没什么实质性的越轨行为，我忍了。婚后第一次出轨，谅他是初犯，我也忍了。这才多久，他就又开始了……这次说什么我也不会忍了。”

琴子说，有些事情真的凑合不了——如果当初自己可以果断一些，就不会有这次短暂又失败的婚姻了。第一次凑合了，下一次你就得更委屈自己，你做的所有妥协终会将自己推入深渊。

是啊，在婚姻关系中，有些事情一旦发生就不可逆转，譬如出轨和家暴，这完全是对另一半身心的双重侮辱。因为，出轨和家暴会变成习惯，有第一次就会有第二次、第三次……

如果说第一次你是被动的，你很委屈，那以后的每一次其实你并不无辜。是你给了对方放纵的机会，因为每一次你的原谅都太“廉价”了，对方没有为第一次的错误付出任何代价。

一旦出现这种涉及底线性的问题，怎么可能凑合得了？你预备凑合多久，一年还是一辈子？如果你凑合不了一辈子，你们迟早得散。时间拖得越久，对你自己、对孩子的伤害越不可估量。

我们总说止损，最重要的不是止损的结果，而是止损的时机。及时止损能够最大限度地降低伤害，而止损太晚，只怕你已经没机会或者没能力止损了。

止损在炒股人口中叫“割肉”，意思是指：当某一投资出现的亏损达到预定数额时，应及时斩仓出局，以避免形成更大的亏损。其目的在于，在投资失误时把损失限定在较小的范围内。

那么，运用到生活中，当成本远远超过收益的时候，我们必须当机立断，及时止损。

婚姻关系中，止损自然就是离婚。想想看，当你的生活成本、心理成本都在节节攀升的时候，你在婚姻中的各种效益会不升反降，你该不该离婚？

家暴，你可能需要去治疗身体的伤口，严重的精神上也会出问题；出轨，丈夫把你们的共同财产拿去讨好别的女人，你失去了丈夫的疼爱，他背叛了你。你看，你的心理成本、治疗成本是不是在上升？

当然，很多人不愿意离婚，多半是“沉没成本”在作怪。沉没成本，简单来说就是我们已经付出但收不回来的成本。你可能会想，算了，凑合着过吧——毕竟为这个家付出了那么多，就这么放弃了不甘心。

但你想过没有，现在你不及时止损，一拖再拖，你付出的越多，亏损的就越多，这是一个恶性循环。这种亏损除了精神上的，还有物质上的，直至你被彻底拖垮。

当事情已经发展到无法挽回的地步，你止损与否，沉没成本都收不回来。换言之，沉没成本与你下一步的决策无关，你大可不必因小失大，断送美好的未来。

我一直觉得，很多东西变质了就要扔掉，尤其在感情中，当断不断，必受其乱，而且这种伤害会随着时间的推延愈来愈深。

如果可以，请你在伤害出现的第一时间及时止损。

4. 愿你特别凶狠，也特别温柔

这个世界上没有谁离不开谁，也没有什么人、什么事是放不下的。你放不下，只是因为你根本不想放，是因为你还没死心。

你还对他抱有念想，你还存有挽回他的侥幸，你还想回头。但真的还能回去吗？

深夜，看到微信朋友圈更新的红点，我隐隐感到一丝不安。

茜茜发来大段文字，她说自己的手就是不听使唤，总是忍不住去翻前男友的朋友圈动态，忍不住想念他，忍不住想联系他。

分手是前男友提出的，他说是两个人三观不合，走不下去。最后分开的时候，他摸了摸茜茜的头，似有不舍与留恋。可无论茜茜如何挽留，他终是再没回头。

两年的时间说长不长，说短也不短，但茜茜一直无法从失恋的痛苦中走出来。他们一起走过的地方，曾经的聊天记录、相册、纪念品，那些美好的回忆一遍遍地浮现在脑海里，挥之不去。可以说，闭上眼睛，她满脑子都是前男友的影子。

恋爱越甜蜜，分手越痛苦。而最折磨茜茜的，是前任的那句结束语：“一别两宽，各生欢喜。”如此云淡风轻，似乎他们之间的一切不过是一场梦。可茜茜却没有前男友豁达，她总是陷在过去的回忆中无法自拔，对于分手，她久久无法释怀。

“姐姐，你说分手是因为我不够好吗？我们的三观明明很合啊，怎么就分手了呢？”

茜茜一直纠结于分手的原因。如今的她，逐渐接受了分手的结果，可她就想知道究竟是怎么回事——是他口中所说的“三观不合”，还是他另有隐情，或者是自己做错了什么？

“茜茜，别再耿耿于怀了，那不是最重要的，重要的是你们已经分手了。也许你们都没有错，只不过你们终究是彼此生命中的过客。从他头也不回地离开你的那一刻开始，你们之间怕是无力回天了。至于分手的根源，别去追究，那没有意义。放下吧，你应该试着重新去寻找自己的快乐。”

我尝试着安慰茜茜。她说自己已经很努力了，她也想放下，但她真的做不到。

放下心里的那个人，真的不容易。但是，长痛不如短痛，有些东西失去了便不会再回来，你再如何为难自己也改变不了什么。

很多时候，我们以为自己放不下，不过是还有所期待，不肯死心，或者说对自己不够“狠心”。

在我的印象中，会撒娇的姑娘惹人爱，但“狠心”的姑娘更令人钦佩。她们往往不是对别人狠心，而是对自己狠心，比如美月姐。

美月姐是个奇女子，一个人的时候，她可以如女王般高高在上；恋爱的时候，她也会展现自己小鸟依人的一面。不过，内心再强大的人，对于失恋也会有挫败感，更需要缓冲期。但美月姐不允许自己长期深陷痛苦中，她会给自己一个期限，期限一到当即抽身。

有一天，前任突然不辞而别，曾经的山盟海誓变成一个笑话。美月姐也因此消沉了一阵，然后她向公司请了长假，随即便销声匿迹。

三个月后，美月姐强势回归。她踩着高跟鞋，画着淡妆，自信地在谈判桌上与客户周旋，拿下一个拖了很久的大单子，打了个漂亮的翻身仗。

下班后，美月姐约我去她的新家小酌一番，也算为自己接风洗尘。

聊到过去的三个月，美月姐似乎有所保留，她的眼神里闪过一丝忧伤，说明这段日子并不好过。她曾经用力爱过的人，毫无预兆地消失，仿佛一切从未发生过。可那些过往历历在目，痛在心口，无以言说。

请假之后，美月姐连续三天三夜闷头大睡，不吃不喝差点晕过去，幸亏房东阿姨及时赶到，把她送到附近的医院。

病一场，倒是清醒了不少，她想起自己来大城市打拼的初衷，想起年迈的父母以及未完成的梦想。可她因为一个背弃自己的男人一蹶不振，人不人鬼不鬼的模样连自己都很厌弃，这不是她想要的生活。她不允许自己就这样堕落，她告诉自己，必须振作起来重新出发，找回自我。

我想，那段日子一定很难熬，可美月姐总算走出来了。她说，曾经自己也以为人生可能就这样了，但还好，一切都过去了。“唉，人生大概就是这样吧。经过这一遭我也释然了，哪里有什么放不下，不过是自己不想放下罢了。”

美月姐的慨叹，让我开始思考：世界上真有放不下的人吗？我想，我们放不下的，想要紧紧攥在手心里的，不一定是那个人，而是与他在一起的岁月与回忆。

情感创伤的恢复需要一个过程，而能否缩短这个过程就因人而异了。如果你不对自己狠一点，不断绝对对方的想念，傻傻地一遍遍去追忆那些已经回不去的往昔，那是作茧自缚。如此，你的伤口会愈来愈深，你伤口愈合的速度肯定快不了。

放下的前提是要想通，只要你肯放下，再痛苦的回忆终究会一点点地消散。从来没什么放不下，只是你还没死心。

我曾经看到过一个故事：

一日，苦者向禅师求助。

苦者说：“我放不下一些人，放不下一些事。”

禅师说："其实，没有什么是真正放不下的。"

苦者很是郁闷，说："可我偏偏就是放不下。"

禅师让苦者拿起一茶杯，然后不停地往里面倒热水，直至满溢出来。结果，热水烫到苦者的手，他马上松开了。

禅师说："你看，你被烫到痛了便会松手。所以，这世上没有什么是放不下的，痛了，你自然会放下。你放不下，不过是还不够痛。"

放下一个人需要多久？几个月还是几年？这真的不好说，失恋就像生了一场病，每个人的身体素质不同，承受能力不同，恢复能力也不同。最重要的是，扪心自问，你真的想放下吗？如果你根本不愿意放下，那疗伤的期限不会短。

遇到感情问题，很多人首先会想到求助于心理咨询师。但再专业的心理咨询师，他们能够为你做的只是倾听、疏导、排解，真正的良药还是你自己，药引也在你自己手里——你必须对自己"狠心"。

所谓良药苦口，治病难免要忍受一些痛苦，情感的创伤也势必要经历一个过程。治疗的时机很重要，错过了最佳时机，你可能会付出更大的代价。想明白了的人会在第一时间止痛，而不会等到伤口溃烂时才去敷药。

止痛，趁早不趁晚。

5. 不念过往，一路自我成长

真正能够笑到最后的人，往往能够扛过所有的风雨，在一次次的磨难中修炼出一颗坚韧之心，砥砺前行。

人生中的每一段经历都有意义，迈过了坎坷，就会迎来更好的自己。那些经历了创伤而成长起来的人，最终会成就自己。

那些坎坷的过往，都是成长的催化剂。

上个月，读者程辉发来捷报：他被某科学院录取了，即将开始新的征程。

大约半年前，程辉还一度为失恋苦恼——他反省，他自责，陷于上一段感情中无法自拔。只不过，当他找到我时表现出的理智，连我都有些自愧不如。

但失恋这种事情，即使是再理智的人也难免失控。程辉心里知道应该放下，但就是控制不住地去回忆两人在一起的时光，明知不可能还想着挽回，反反复复。

程辉常常在深夜里辗转反侧，听着那些让人肝肠寸断的情歌落泪——因为他总是对号入座、总在胡思乱想。

程辉说，他会删掉前任的所有联系方式，试着不再去想她，自己也确实这样做了。可是，所有的狠心、所有的努力都在看到她的一瞬间土崩瓦解，他依然会为她心旌摇曳，依然会为她揪心。他很想再为她做些什么，但两个人靠近的时候，似乎又像两只刺猬会互相刺伤。

终于，最后一次，看着过往的相册，程辉强迫自己断舍离。慢慢地，生活逐渐回归到正轨。难受了，他就出门散散心。未来的计划既已被打破，那便重新规划。他开始去实验室、去图书馆，努力沉下心来做学问、搞研究。他接受了现实，调整了心态，适应了一个人的生活。

程辉说，对于曾经真心爱过的人，自己虽有遗憾却从未后悔，感谢前女友对自己的付出，也遗憾两个人没能走到最后。在这段感情中，他也终于学会了正视自我，得到了成长。

时间会冲淡一切。总算，坏事过后好事来了，经过努力，他保研成功。

情场失意、学业得意的程辉，再一次重燃了往日的斗志与激情。后来，他的想法发生了改变："曾经的我只想去高校，因为压力小，生活相对比较轻松。渐渐地，我意识到自己还年轻，还想为梦想再拼搏一次。"快放暑假的时候，他收到两个夏令营的入营通知，由于时间冲突，他只参加了某科学院的夏令营。

一切都刚刚好：心仪的学校、喜欢的研究方向、很好的导师。你看，风雨过后就会看到彩虹，坎坷过后就会有更好的前程。

很多读者说，因为我的倾听、我的疏导，让他们有了走出困境的动力。

其实不然。你最该感谢的是自己，是你跟心底那个犹豫、痛苦的自己做了了断；是你自己熬了过来，跟过去挥手告别。如果你不肯放过自己，我再怎么帮助你都是徒劳的。

孤独是人生的常态，有些路注定要自己走，有些痛苦就该自己承受，也只有自己才能帮助自己。走出一次创伤，你会发现，那些坎坷迈过去后，似乎也没什么大不了的。

巴尔扎克说："世上的事情，永远不是绝对的，结果完全因人而异。苦难对于天才来说是一块垫脚石，对于能干的人来说是一笔财富，而对于弱者来说是一个万丈深渊。"

是的，有些人因为坎坷的过往而蜕变，有些人因为一场变故而一蹶不振。这两种结局如此截然不同，无关命运，有关逆商。

那么，逆商是什么呢？它可以理解为一种面对挫折时的反应方式，一种解决困难的能力。

保罗·斯托茨率先提出"逆商"的概念："逆商，对一个人的人格完善与事业成功起着决定性作用，因为它往往决定了一个人在深陷困境时是否能够用锲而不舍的勇气和毅力达成目标。"

当一个人走入低谷时，他的逆商越高，触底反弹的概率就越大。

各行各业的成功者，他们身上有一些相似的地方：他们可能在早年经历过一些苦难或者受过创伤，比如贫穷、父母早逝、感情破裂等。但这些磨难并没有成为他们通往成功之路的绊脚石，反而成就了他们。尤其像黑格尔、梵高、霍金、比尔·盖茨、卡耐基等时代巨人，他们在逆境中触底反弹，在逆境中发光发热，创造了一个个奇迹。

我看过一期 TED 演讲，刷新了我对创伤后成长的认知。

大部分人认为，创伤会导致不可逆的机能障碍。而在关于机能障碍的研究中，科学数据表明：即便处于最恶劣的环境中，我们也有可能获得变革与成长。科学家将此称为“创伤后成长”。

在一项衡量逆境对儿童造成影响的研究中，将近 700 名研究对象经历了最严峻、最极端的情况，最后还是有三成的儿童长大后是健康的。也就是说，即使经历了无数次的磨难，他们终究还是成功了。

这样的数据让我非常震撼。我突然想到了《西游记》中唐僧师徒四人经历九九八十一难终于取得真经的故事，这不就像每个人一生中必将经历的沟沟坎坎吗？

当你把每一次磨难当作考验，把每一次坎坷视为关卡，勇敢面对，不断进阶，你就会逐渐适应这样挑战自我的模式。你终将排除万难，到达成功与幸福的彼岸。

小时候，但凡出现一点点挫折，我总是怨天尤人。后来，我才明白，那些挫折是上天给我的特殊礼物。现在，我越来越喜欢披荆斩棘的自己，在坦途和荆棘面前，我永远选择后者。因为坦途太无趣，而荆棘丛中开出的花朵总是那么诱人。

时光会告诉你，来人间走一趟，不过是一场修行。

回头看，你会发现，那些坎坷的过往都是成长的催化剂，是它们成就了今日的你。

6. 未来的你，一定会感谢今天的断舍离

孟子曰："鱼，我所欲也，熊掌亦我所欲也；二者不可得兼，舍鱼而取熊掌者也。"

当我们拥有了一些东西，就注定要割舍另一些东西。舍得，有舍才有得。在取舍的问题上，很少有人可以做到在第一时间断舍离，或因不忍，或因贪心，或因执念。

随着年龄的增长，我们越来越向往极简的人生状态，所以我们的人生需要做减法——留下必要的，舍弃不必要的。

未来的你，一定会感谢今天的断舍离。

职场铁律：要么狠，要么忍，要么滚。当你意识到危机又无力改变现状时，在最大限度降低损失的情况下，就应该断舍离。

谢昀在分公司新媒体部做了小半年，从组建团队到运营合作再到后期优化，她一个人硬扛了三四个月。直到公司空降来了部门经理郝建，她才慢慢卸下肩上的重担。这位郝经理，据说是某

500 强前媒体主编，却在选题内容上常常抓不到重点。作为内容主创，谢昀常常跟郝建有所分歧，但从不会跟他争吵。

上个月，郝建出差在外，由于他的疏忽，原本谈妥的单子又吹了。因为郝建疑心重，总觉得工作业绩突出、能力出众的谢昀觊觎自己的位置，但凡重要的单子他都要亲自过目，并且藏着掖着。所以，对于这个单子，谢昀毫不知情。

而现在单子黄了，远在云南出差的郝建，劈头盖脸地把谢昀一通指责，甚至对谢昀进行人身攻击，更是威胁立即让人事部开除她。

谢昀无意与他打嘴仗，当下撂了电话。谢昀有自己的底气，她的工作业绩众所周知，短短几个月里，她连续拿下几个重要项目，就连总部的高管都对她高看一眼。

郝建一回来，便收到谢昀调转总部媒体部的通知。由于是总部的秦总亲自要人，他不得不放人。

不少人替谢昀感到惋惜，呕心沥血之后，却将自己的成果拱手让人。可谢昀却松了一口气：只要能离开就好，努力去做总会有成绩的。不出所料，郝建的丑恶嘴脸终于暴露了。三个月后，警察带走了他，原因是他跟女友发生矛盾，暴力致伤女友。

谢昀暗想：幸亏我调转了部门，不然后果不堪设想。

因为郝建被行政拘留，总部决定撤销其职务并开除他，而分公司的新媒体部与总部合并，最终还是回到谢昀的手中，也算是“物归原主”了。

因为当初的断舍离，才有了今天更好的发展，对谢昀来说，其间不知跨越了多少台阶。如果当初多犹豫一下，搞不好真会受到什么伤害。

断舍离的精髓在于，当意识到危机，要第一时间远离危险，寻求新的出路。很多糟糕的事情，如果在一开始迅速将问题消灭在萌芽状态，就会大大降低自己身处危险的概率。

在人际关系中，我们总以为自己是特别的那个。殊不知，今天他可以伤害别人，明天他同样不会对你手下留情。

部门领导收到一封攻击许珊的黑邮，内容不堪入目，这对她的职业生涯算得上一次不小的打击。出于信任，领导给许珊提前放了年假，让她自己把幕后凶手找出来。

许珊找到律师小瑾帮忙。

小瑾抽丝剥茧，梳理线索，一步步找到了真相，却不忍心告诉她。许是天意，小瑾的取证快件被误送到许珊家里，许珊这才知道原来是小常干的。

小常自知事情败露，想上演苦肉计博得同情："我是迫不得已，有人出高价要我黑你，我也是一时迷了心智。对不起，原谅我好吗？"

此时，许珊不能再自欺欺人了，如果放过小常，她自己的职业生涯就毁了。她也明白，哪怕害自己的人是闺密也不能姑息，是时候做出选择了。

现在回想起来，一切都是有迹可循的，只是许珊自己“身在庐山中”。

大学期间，闺密小常几乎没什么女生缘，就连男生也是避之唯恐不及。据传，她总是在同学间挑拨离间，甚至还插足好朋友的恋情，落下不好的名声。倒是对于许珊，她关怀备至，嘘寒问暖，无话不说。

许珊也曾动摇过，但还是没有及时断舍离。她以为自己会是特别的存在，小常是在乎自己这个朋友的，自己不会有受伤的一天。但这一天最终还是来了。

那些变质的感情、坏掉的关系，越早舍弃越好。总有一天，你会感谢自己今天的断舍离。

人生处处需要断舍离，你想要走得更远，就必须舍弃一些沉重的包袱。

当一份工作已经严重阻碍到你个人的发展，你必须学会割舍；在感情里，遇到渣男，你必须当机立断地斩断情丝；结交到坏朋友，你必须划清界限，淡而远之；搬家的时候，不再穿的衣服、不再用的物品，该扔的就要扔掉。

山下英子在《断舍离》中说道：“断舍离的主角并不是物品，而是自己，而时间轴永远都是现在。选择物品的窍门，不是‘能不能用’，而是‘我要不要用’，这一点必须铭刻在心。”

如果将断舍离的方法运用到人际关系中，每个人都需要清理自己的朋友圈。你的联系人列表里有上百个好友，可在你最危难的时刻能够挺身而出的，恐怕就屈指可数了，不是吗？

那些不重要的或者从不联系的好友，就像“僵尸”躺在你的联系人列表里，只是占用着你的内存，消耗着你的感情而已。无效的社交，我们需要做减法；早就溃烂的关系，我们需要舍弃；没用的物品，我们需要清理；痛苦的回忆，我们需要清零；甚至于前个阶段的自己，我们也要挥手告别。

如此，我们才能轻装上路。

我们的一生，总不可避免地要去做选择，而每一次选择都是断舍离。放下越多，你才能拥有更多。

Charpter5

我喜欢自己
本来的样子

做真实的自己并不难，只是有时候我们太在意别人的看法，而别人却未必在意你的演出。

1. 走出完美主义的误区

追求完美是为了更好地精进，这没问题，但过分的完美主义往往会让一个人陷入焦虑，而你对自己的苛求可能会剥夺本来的快乐。你开始拒绝甚至抵触真实的自己，因为我们总有个坏毛病——我们眼里的别人总是千好万好，可回到自己身上总觉得不对劲。

事实上，我们夸大了别人的优点，却弱化甚至忽视了自己的优势。其实，你没那么不完美，他们也没那么完美。别忘了，没有人是十全十美的。

所以说，别让完美主义剥夺了你的快乐。

这是一个“颜值至上”的世界，但是，也必须承认，无论我们有着怎样的外表，无论我们如何包装自己的外在，容貌都不可能完美。哪怕是倾城倾国的绝世佳人，也不可能拥有完美无瑕的容颜，因为我们是人，是人便会有缺陷。

吕珍对于自己的评价是："太丑，无法见人。"但在看到她的照片后，我发现她是妥妥的美人胚子，如果这样都算丑的话，那让我们这些普通人怎么活？

起初我以为她是谦虚，后来看到她的朋友圈，才发现充斥着大量贬低自己的评价，我感到她不太自信。果不其然，她对整容似乎颇感兴趣，说："如果我有足够的钱，一定要把自己整成大美女。"

我想着她爱美心强也没什么，可能就是说一说。但没过多久，她私信我："姐，我完了，这脸彻底不能要了。"

我以为她的不自信又发作了，但收到的几张照片吓到了我，她整个脸盘都变了，与过去完全不能比。说实话，以前的她真是大美女，现在我有些不忍心对她做评价。

起因是，因为同学的介绍，优惠力度大，她走进了一家美容院的手术室。最后没料到，整容失败了。

其实，这是她第三次整容，前两次都整得很漂亮，但她还想变得更美。你看，夜路走多了难免会遇上鬼，整容整多了也难免会出问题，这张脸，怕是她的家人也难以认出来了。

以前我只当她是缺自信、瞎臭美，现在才知道，其实她是个十足的完美主义者。这一点还体现在学习、生活的方方面面，比如：

因为刻意追求完美，她总觉得毕业论文写得不够深入，迟迟没有交稿，一拖就拖到了二辩；因为完美主义，她与室友的关系处得并不好，常常因为人家的一丁点瑕疵而气得不得了；她对于另一半也是高要求，另一半无法忍受她的完美主义，最终拂袖而去。

也是因为失恋这件事，她更加苛求自己，这才有了这次的整容风波。

追求完美、想要过更好的生活，是积极上进的表现。但如果一味地苛求自己、苛求别人，会让你的生活变得很紧张，身边的人也会备感压力。接踵而来的后果就是焦虑不安、不知所措，甚至会造成一些不必要的麻烦。

生活中，那些知足常乐的姑娘一定不是完美主义者，她们对自己、对生活也抱有期待，一定会努力去争取，也一定会量力而行。有时候生活就像放风筝，线拽得太紧会断，张弛有度才能飞得更高更远。

托马斯·霍布斯在《利维坦》一书中指出："完美主义者对于自身有着超乎寻常的强期待——不论这种期待是来自自己还是他人，他都会对于将要实现的目标有着明确的愿景……一部分完美主义者选择了放弃，也有完美主义者成了偏执狂，而对于大多数自称完美主义者的人而言，完美主义有时候难免变成半途而废的有力借口。"

我的身边也有一些完美主义者朋友，他们似乎很容易焦虑，也不能接受批评，更无法接受失败，常常会因为一件小事而耿耿于怀。

当然，我很欣赏他们的认真，也很钦佩那种为自己在意的事情而奉献所有的精神。但如此的苛求，剥夺了他们原本的快乐——在高压下，精神过度紧张会增加他们的心理负担，也会给身边的人造成一种无形的压力。他们严以律己，严于律人，自己并不开心，而身边的朋友也会喘不过气来。

M 女士就是一个追求极致完美的人，作为团队领导的她对下属的工作从不放心。事实上，她对自己的工作也常常不满意——每一个案子总因为她的过分追求完美而一拖再拖，团队中的人也怨声载道。

着魔般的专业度让她深受公司的器重，但事必躬亲的带人模式也让她成了公司最忙、最累的领导。

完美主义者一生都在追求极致，可世界总有缺憾，他们永远无法实现自己的愿景，所以会不断地受打击，不断地失败。时间久了，他们会滋生出一种自卑，而这是他们自己造成的。他们以为自己在做一件伟大的事情，实际上只是在跟自己较劲。这样的对抗，是不会有结果的。

适当地追求完美，是我们前进的动力；过分地追求完美，便成了高效生活的阻力，会拖慢我们正常的生活进度。如果你是一个不够有恒心的人，你的完美主义可能还会成为自己拖延甚至放弃的借口。

没有人是完美的，因为不完美，这个世界才有了多样性。完美不是你来到这个世界的使命，用心感受世界的美好，遗憾也好，幸运也罢，都是人生的一部分。

不完美，不是你的错，你不是孤独的一个人，我们都在。所以说，我们无须完美，只要不断成长就好，终有一天，我们会无限接近那个完美的自己。

别让完美主义害了你。

2. 不完美，才美

托尔斯泰说：“每个人都会有缺陷，就像被上帝咬过的苹果。有的人缺陷比较大，正是因为上帝特别喜欢他的芬芳。”

在我看来，越是不完美的人，越有可能缔造更完美的人生。

那么，完美是什么呢？也许那只是一个世俗的标准罢了，只是事物的一种普遍性。但你别忘了，每个人都是独一无二的，正因为每个人的独特性，正因为每个人的不完美，才有了这个多样的世界。

因为不完美，你的人生才充满了可能性。

一个小男孩还没出生就被父母制订了“抛弃”计划：母亲为他选定一个优秀的律师家庭，以确保他可以接受良好的教育。

然而，老天却跟小男孩开了个玩笑：在他出生的那一刻，领养家庭突然宣布，他们想要收养的不是男孩而是女孩。

没办法，母亲只好临时更换领养家庭。事实上，她对后来的领养家庭并不满意，因为他们没上过大学，男主人甚至连高中都没上过。

男孩的母亲很是担忧，这样的家庭能够给予儿子良好的教育吗？最终，她还是在领养书上签了字，从那一刻开始，男孩的命运轨迹便有些不一样了。

按照“不能让孩子输在起跑线上”的说法，你一定会觉得这个孩子注定一生平庸吧？然而，故事并没有按照这样的方向发展。

男孩自小就展露出与众不同的一面。在同龄人中，他有些不合群，有些孤僻；在同学们眼里，他是一个孤单的、爱哭的男孩。后来，据同学回忆：“我们曾经参加过一支游泳队，结果比赛失败了，他就跑到旁边哭泣，他和我们很难协调。”

而这些旁人眼中的“缺陷”，并没有阻挡男孩以后的发展。在养母的支持下，他如愿进入了心仪的里德学院。但没过多久，出于种种考虑，他决定退学。

回到养父母身边，男孩意识到自己需要经济来源养活自己，也就是说，他需要一份工作。

看到阿塔里公司的招聘广告，男孩决定去应聘。这是当地一家知名的游戏开发公司，招聘条件自然不低，他们要求应聘人员必须受过正规教育，至少曾开发过知名的电子游戏。很明显，当时的男孩一点儿都不符合人家的招聘条件，但最终，他凭借自己的三寸不烂之舌，软磨硬泡地得到了这份工作，开始了自己的IT 生涯。

没错，这个男孩就是苹果公司创始人乔布斯。

当然，乔布斯的成功与他自小对电子产品的狂热迷恋有关，与他的天赋异禀有关，与他丰富的人生阅历有关，与他不断地成长进阶有关。

表面上，我们可以看到的是，乔布斯成功了。然而，乔布斯本人并不完美，他没有良好的家庭背景，甚至没有很高的学历（连学业都没完成），他的性格也不是人见人爱。但正是这些“不完美”，让他的人生充满了可能性，缔造了他日后更完美的人生。

任何一个成功的人，如果你刻意去挖掘他身上不完美的地方，一定可以找到一些。但这些只是他的一部分，没有这些，或许他也不可能成功。

余生很贵，如果总是纠结于自己的不完美，而忽略自己的优势与特长，就会失去很多机会，与更完美的自己失之交臂。

我见过很多人，他们在意自己的不完美，因而越发在意旁人的眼光。比如，“我好胖啊”“我学习不够优秀”“我性格不好”……或许这样的你真的不够完美，但并不影响你去变得完美。

我天生对数字敏感，曾经有一段时间我对数学非常痴迷，整晚地研究数学，越是有挑战的数学题，越能激起我的兴趣。

一次模拟考试，最后一道压轴题我拿了满分，当时在全年级都屈指可数，因此我也得到了数学老师的表扬，这确实让我感到惊喜。但我惊喜的不是自己做对了这道题，而是原来大家都觉得这道题真的很难，这让我对于自己数学方面的能力有了新的认知。

回想起来，这样的情形在更早的时候也出现过。那时我还在上初中，一次数学月考，满分 100 分我考了 88 分，被扣掉的 12 分是没来得及做的最后一道大题。换句话说，在所有完成的试题中我拿了满分。

慢慢地，我发现自己的逻辑思维似乎比常人强一些，这大概也是上大学期间我报班学习 C 语言并考过计算机二级考试的重要原因。尤其在为人处世方面，我的第六感准得可怕，比如对于很多即将可能发生的情况，我能够提前预判并防微杜渐。我拥有这种优秀的分析判断能力，都要感谢那些年的数学学习。

说到我的不完美，数都数不清。

小时候，我不是长辈口中“别人家的孩子”，学习成绩不够优秀，性格也不够好，常常让家人担心。高考我也没能考上好大学，勉强上了普通本科，其间专业成绩一般。考研又失败了，让家人操碎了心。终于毕业了，我却拒绝了一份还不错的 Offer，家人一度担心我会找不到工作。

即便如此，我的人生也没有崩盘。

虽然高考不如意、考研失败了，我却在上学期间认识了很多朋友，结下了几段不错的友谊。这无意中培养了自己各方面的能力，为后期独自闯荡上海奠定了基础。

我不断地成长进阶，感恩生活，从未后悔过。

事实上，在上海打拼的三年，大概是至今为止我成长最快的阶段，工作能力、社交能力、生活能力都有了质的飞跃，全方位的蜕变。这一切的一切，都成了我生命中最珍贵的财富。

因为不完美，我会一点一滴地去成长，而每次成长带给我的是欣喜，是得之不易的小确幸。

人都有惰性，如果一切太过顺遂、太过完美，我可能会失去不断挑战自我的动力。比起因为不完美而逐渐接近完美的自己，我不会喜欢生来就十全十美的自己——那既不真实，也不现实，更不是我期待的模样。

如果你的人生一路顺风顺水，那多半只会是一种模式。当然，这种模式或许很美好，值得憧憬，可那些伴随着磕磕绊绊总有遗憾的人生，或许会创造出更多奇迹。

有时候人生就像游戏通关，如果太早通关，我们会觉得游戏体验不佳，反而那些未知的关卡更能够吸引我们继续玩下去。

不完美，才是最美的起航。因为不完美，我想变得更完美。我知道，我终将接近那个最完美的自己，人家不妨拭目以待。

3. 不惧怕成为这样“强硬”的自己

快乐源于爱，而爱源于接纳和包容。亦舒说：“接纳不完美，才是获得快乐的捷径。”

我们都知道先爱己、后爱人，爱自己首先要接纳自己。很多人无法快乐的根本原因在于，他们接纳不了自己的不完美，无法与自己和解。

爱，就是接纳和包容。当你开始接纳自己，你的快乐才会多起来；当你真正学会爱自己，你才能够更好地爱别人。

接纳自己，是我们一生的修行。因为，只有接纳不完美的自己，我们才能走得更远。

有一个女孩出生时，由于医生的疏失导致脑部神经受到严重伤害，自小就患上了脑性麻痹症，以致脸部、四肢肌肉都丧失了正常功能。她不能说话，嘴还向一边扭曲，口水止不住地流。

后来，父母带着她四处寻访名医，希望能够治好她的病，然而总是事与愿违。母亲曾一度绝望，甚至想过结束女儿的生命再自杀，因为实在不能去想象未来孩子将面临什么样的困难。

大概是老天可怜她，经过父母的悉心照料，这个女孩的四肢渐渐有力了，她终于可以自己吃饭、站立。

但是，对于自己的不幸或者说“不完美”，这个女孩并没有过多地去关注。她知道，这些事情已经无法改变，她不愿意花过多的时间和精力去想为什么自己不能像其他孩子那样正常走路，而是去想自己能够做什么。

她虽然不完美，却比很多人更早地知道自己想要什么。后来，她慢慢地爱上了画画，小学二年级时就立志要成为一名画家，四年级时又有了成为作家的梦想。她找到了自己的心之所向，满怀热忱，并为之努力着。

对于“特别”的她而言，上学就是一场噩梦。那时候，她根本无法拿笔，母亲总是握着她的手，常常一教就是大半天。好在经过努力，一年后的她终于学会了写字。

14 岁时，全家移民国外。后来，她进入洛杉矶市立大学就读，后又转至加州州立大学艺术学院，并取得博士学位，如今已成为知名画家。

现在，她终于实现了儿时的梦想，开画展、写专栏、出书。这些普通人都不容易做到的事情，她都做到了。那么，她靠的是什么呢？是对绘画的热情，对生命的热忱，以及打不倒的韧性。

她就是黄美廉。

在接受采访的时候，说到自己的经历，黄美廉坦言自己比起一般人更容易自卑，但她没有过分自卑，她完全接纳了自己，旁人的眼光伤害不到坚强的她。

我想，这才是一个人骨子里的倔强与自信。

那么，最坚不可摧的倔强与自信是什么呢？

那就是：既不依赖于旁人的看好和赞赏，也可以自动屏蔽旁人不好的眼光和评价。在自己的内心深处，有一个坚定的声音在说：我就是我，不完美，但这并不影响我发光发热。

有一个姑娘一直渴望成为大明星，她千好万好，唯独美中不足的是她长了一张不美的大嘴，还有一口龅牙。

第一次登台演出时，她试图用上唇遮掩龅牙，希望观众可以忽略它的存在，而专注于欣赏她的歌声。谁知道，由于她过于掩饰，效果适得其反——观众看到她一脸滑稽的模样都大笑起来，她只好红着脸下了台。

一位现场观众看出了她的忧虑，直率地说自己很喜欢她的歌声，也看出了她想要掩饰自己龅牙的心思。他还说，根本没有人会在乎她的龅牙，或许龅牙还能够为她带来好运。

自此，她终于卸下沉重的心理负担，每次唱歌的时候她纵情歌唱，将所有精力都投入到歌声中。最后，她成了歌唱界、电影界的双栖红星，甚至很多喜剧演员都喜欢模仿她唱歌的模样。

她就是凯茜·桃莉。

很多时候，旁人未必会在意你的瑕疵，往往因为你过分在意反而遮挡了自己的光芒。如果你试着唱出自我，你会发现，这时你在聚光灯下才能大放异彩，台下的掌声也会更加热烈。因为这才是真正的你，不完美却很真实。

就连曾经的好莱坞巨星、风靡世界的女神奥黛丽·赫本，她对于自己的不完美也没有太多的苛责。

奥黛丽·赫本的身材并不算最完美的：清瘦、平胸、手足细长。但这些不足没有成为她演艺生涯的阻碍，相反，从她身上散发出来的那种优雅、大气吸引了更多的观众。

对此，奥黛丽·赫本说："每个人都有缺点和优点，将优点发扬光大，其余的就不必理会。"

你看，这么精辟的总结是不是值得我们思考呢？

曾经有很多读者跟我倾诉过他们的烦恼，因为种种原因，他们有点自卑。比如，因为别人的一个眼神、一句话，可能自己就会备受打击。他们厌恶这样的自己，想要改变却束手无策。

难道真的没有解决办法吗？

你可能并不知道，接纳才是改变的第一步。

性格没有好坏之分，外向也好，内向也罢，最好的性格不是别人眼里的无可挑剔，而是你真正接纳并欣赏自己。

我的身边曾经也有一些朋友不爱说话，不善交谈，现在他们却活跃于不同的社交场所。那是他们的性格变了吗？未必。他们只是接纳了自己，并做出了适当的调整。

最近，我更新了一组星座系列的热文，受到读者的追捧。在众多的留言中，有一条评论让我眼前一亮：巨蟹，敏感孤独，既然当了就没什么好后悔的。但人生苦短，必须性感。

这一生我们会经历大大小小的风雨，会遭遇各种各样的创伤。自我治愈是成年人必备的技能之一，而治愈的关键是和解，是接纳。

只有接纳真实的自我，你才能够走得更远。

4. 我喜欢自己本来的样子

有些人耗尽一生，最后才发现在寻觅一些并不适合自己的东西。所以说，对于自己，他们可能真的没有那么了解。

快乐而有意义的人生，需要了解自己，与自己的心灵对话；更需要做自己，展示最真实的自我。或许，你会发现，做最真实的自己没那么难，并且更会让自己心安。

你永远不可能被所有人欣赏，做最真实的自己，会收获独属于自己的幸福与成功。

电影《无问西东》里有这样一个场景：由于物理考试挂科，吴岭澜被学校教务长找去谈话。

事实上，当初吴岭澜文科考了满分，而他却选择了并不擅长的理科。为什么呢？这是因为，成绩最好的学生都在学理科，这是大多数人眼里正确的选择。对此，教务长的一番肺腑之言，让吴岭澜茅塞顿开。

“人把自己置身于忙碌中会有一种麻木的踏实，但丧失了真实。”“什么是真实？你看到什么、听到什么、做什么、和谁在一起，都有一种从心灵深处满溢出来的不懊悔也不羞耻的平和与喜悦。”

而后，吴岭澜听到了泰戈尔的演讲。

正是泰戈尔说的那句“不要走错路，不要惶恐，不要忘记你们的真心和真性”，让吴岭澜彻底顿悟了。这个年轻人终于遵从自己的内心，走上属于自己的文学之路。

毕业多年，每当昔日的同学见到我，他们一致的评价是：“毕业这么久，你还能够保持初心，一点儿都没变，这不容易。”

说实话，我跟这些同学一样，需要面对生活中、工作上的压力。甚至，在职场里摸爬滚打的几年，我所经历的事情远远超乎他们的想象。

很多时候，可能稍微多一些圆滑世故我就会坐到更高的位置，但我没有那样做——不是因为我这个人矫情，只是那样做就不是真正的我了。

对我而言，知世故而不世故，足矣。在选择的十字路口，我依然会遵从自己的本心，或许会适当地权衡利弊，但绝不会做一些违心的选择。因为我清楚，那样做选择我一定会后悔。

这一路，似乎我都是这么走过来的。

高中的时候，文理分科，我喜欢文科就选了文科；大二的时候，我想去做更多有意义的事情，就退出了各种社团；毕业的时候，因为对上海的深深迷恋，我就怀揣着对上海的热爱参加校招，一腔孤勇地奔向那里。

这些选择就是当时我最真实的想法，或许之后我会变，但从未后悔。

一直以来，我都在做最真实的自己，说得更直白点，我不想为了一点点的利益去讨好谁，因为那并不是我本来的模样。

可能因为这样的固执，有些人并不喜欢我，但我并不在意。如果你不能够接受我真实的模样，那么，我可能要伪装很久吧。如此，对我来说也太累，我装不下去——我喜欢轻松惬意的生活。

不止一个人问过我，为什么我总是那么坚定与自信？

前面也说过，我从来都不是一个完美的姑娘，这一点我自己很清楚。如果一定要找出坚定与自信的根源，我想，大概是因为我不想伪装，只是在做真实的自己吧。

在《幻乐之城》的首期节目中，一场8分钟的现场音乐短剧《独木桥》戳中无数观众的心。剧中，黄晓明与镜中的“自己”对话，表现出一个人与真实的自己进行了一次灵魂的沟通。

想想看，剧中人不就是我们自己吗？

我们都扮演着自己的角色，想要展现自己完美的一面，活成旁人眼中所期待的模样，却唯独丢掉了真实的自我。扪心自问，你的每一次改变都是发自内心的吗？这样的自己是大家期待的模样吗？

在父母的眼中，你竭力扮演乖巧孝顺的女儿，只是为了让他们开心；在朋友的眼里，你是万能超人，有求必应；在恋人面前，你才貌双全，上得了厅堂下得了厨房……

在大家的眼里，你是真的完美，大家都赞美你，你也享受被赞美的感觉。但对于自己，你就像个恶魔，源源不断地进行着自我压榨。你的身心都在呐喊：我真的好累，能不能停下来？可不可以做真实的自己？

为什么不可以呢？因为你没有安全感，不自信。其实，你一点儿都不了解自己。

做真实的自己并不难，只是有时候我们太在意别人的看法，而别人却未必在意你的演出。

或许就像马薇薇在《奇葩说》中所说的一样："只有你流露最真实的自己的时候，其实你是不太在乎跟别人到底一不一样的，那个时候就是最独特的自己。人类最可悲的是什么？每一个人都在用生命想要去论证我跟别人不同，可恰恰是这种想要论证跟别人不同的心态最相同。你想要脱离大众做不一样的烟火，结果发现满地的鞭炮都比你使劲。"

每个人的人生只有一次，如果总是活在别人的期待中，那么，真正留给自己的时间就会变得很少。你总说自己退去了身上的尖刺，开始小心翼翼地说话、做事，并认为这是成熟的表现。其实不然。

那么，一个人真正成熟的标志是什么？

不是你获得了多大的成功，而是你敢于在质疑中表达自己真实的声音，在阻力中追求自己的梦想，在他人面前展现自己最真实的一面，在一片荆棘中走自己想要走的路。

当你真正开始做自己的时候，你会慢慢地感受到，真实的自我所焕发出的光芒是多么耀眼——那是独一份的别样的光芒。

别怕，勇敢去做真实的自己吧！

5. 越自信，越幸运

根植于骨子里的自信，是会发光的。

自信的人，不对旁人有过分的期待，不活在旁人的期待中，不在意来自旁人的批评与质疑，他们始终会坚持自己的选择。

有一种自信，叫作不在意。

翻开工作履历，我们会发现一个规律：第一份工作会让你痛苦，会让你怨气丛生，却也会成就你。当然，我也不例外。

那时候，我是同事口中的传奇人物，原因是：一年多的时间里，我在多个部门任职，且都做得有声有色——从 SEO 部到运营部，再到新媒体部，最后又回到 SEO 部，我活脱脱地演绎了一部职场大片。

一个平常的下午，总监找我谈话，那是我和他最长也是最后的一次单独谈话。老板准备在分部成立专门的微信新媒体运营部，听说总部有领导钦点我加入新团队作为主创。说实话，我有些惊喜，又有些惶恐。

“对你而言，这确实是一个非常好的机会。领导这么重视你，你可要好好把握，不要让我们失望。不过，之后你可能要搬到总部上班了，工作上也可能会遇到很多阻力，作为你的上司，有些事情我还是要给你打个预防针……”

在总监的眼里，我看到了他的不情愿——不想放我走。

不知道为什么，我明明有隐忧，还是毫不犹豫地一口应承了下来。很明显，他没有听到想要的答案，有些失落。

对于微信新媒体的运营工作，我没事就喜欢琢磨，对新鲜事物总是跃跃欲试。微信运营对我来说太有诱惑力了，意味着新的机遇与挑战——新的职能、新的技术等待我去熟悉，新的关卡等待我去突破。

走之前，部门同事向我投来了异样的目光——他们在替我担忧，这个重任我是否扛得下来？如果不能够很好地完成，我将会陷入两难窘境。其实，这样的担忧我也曾有过，但此刻的我并不在意未知的困难。

在任职期间，我创下了公司（含总部）有史以来的第一篇“10 万 +”爆文，仅凭一篇文章带来了几千个粉丝，最终阅读量达到 208 万次。总算，我有幸不辱使命。

每每回忆起往事，我总觉得是命中注定。

就这样，我与公众号结缘，不断地学习探索，几乎包揽了内容主题、设计、排版、运营的所有工作，这也为后期自己的个人公众号运营奠定了扎实的基础。

有一种自信，叫作不在意。因为当初的不在意，因为对自己有信心，一路走来，我披荆斩棘却也心满意足。

我想，这大概也是一种幸福的状态：我相信我可以，遇到问题就去解决；不懂的知识，我会想办法去弄懂；喜欢的、想要去做的事情，我就会去做。一开始很难，做着做着就没那么难了。

在男人的传统观念里，女性可以依靠婚姻来实现安全感的获得，或者阶层的跨越。为什么呢？因为男人说，结婚是女人的第二次投胎。

事实上，婚姻救不了女人，唯一能够救她们的就是自己。如果你无法获取安全感，只会让自己的婚姻更加岌岌可危，让你的人生一次又一次地失控，直至崩盘。

在像俞飞鸿这样的独立女性眼里，结婚与否只关乎于个人的选择。

你结婚不是因为惧怕旁人的眼光，不是因为无法面对生活的压力，而是因为你想结婚了，你和另一半能够很愉悦地走进婚姻殿堂。同样，你认为单身或者只恋爱不结婚的状态更舒适，那也不过是你的另一种选择罢了。

在婚恋问题上，你想要的结果是遵从内心的选择，而不是被逼迫、被动接受的无奈选择。正如萧伯纳所言："想结婚的就去结婚，想单身的就维持单身，反正到最后你们都会后悔。"

关于婚恋问题，俞飞鸿说过的一段话让我印象深刻："最重要的是你自己的选择，婚姻也好、不婚也好、单身也好……都是一种生活方式，我们任何人完全有自由选择任何一种形式。当你内心给自己桎梏的时候，你用社会、别人的眼光或标准来桎梏自己，认为这是你唯一的出路，那只是你自己的悲哀。"

所以说，我们想要冲破世俗的禁锢，顺应内心而做出选择需要一定的底气。你可能会问：这背后要有一股怎样的力量，才能让我们不在意世俗的眼光呢？

我想，这是一份刻进心灵深处的自信。因为，你活的是自己的人生，你做的是关乎自己的选择——任何人，没有权利去干涉你的选择。

很多时候，我们在做选择时太过权衡利弊，太在意外界的眼光，无形中给自己上了一道枷锁。你顾及周围所有人的眼光，却忽略甚至无视自我需求。可是，他们不会代替你去生活，你未来的路终究还是需要自己去走完。

"有人生导师俞飞鸿在，我们年轻人晚婚的压力会小很多。"这是我的读者发过的一条朋友圈。我想，俞飞鸿之所以会成为全民女神，在于她身上有一种发光的东西，那就是根植于骨子里的自信。

接纳和包容，传递的是一股温柔的力量，这需要强大的自信。你不需要向谁去证明什么，也不需要向谁去解释什么，你就是你。

坚持自我，不在意世俗的眼光是一种自信的体现。反观生活中的我们，在面对众人质疑的时候，在受到世俗的眼光冲击的时候，能否保持初心呢？

因为世俗眼光而妥协的我们，很多时候只是在寻求一种庇护，一种心理安慰罢了。在你的内心深处，你大概也认可世俗，因为你并不相信自己可以创造奇迹——与其说你太在意别人，不如说你并不自信。

你可以掌控自己的人生，有一种自信叫作不在意。

6. 遇见最美的自己

比起在最美的时光里遇见最美的你，我更想在时光里与最美的自己相逢。

容颜易老，我们终将被岁月击败。可你读过的书、走过的路、爱过的人，经过时光的积淀终将藏在你的气质里，历久弥香。

只要你不放弃自我、不放弃成长，走着走着，你总会遇见那个最美的自己。

方菲变得有些不一样了，她的自我表达不再激烈，开始包容不同的观点，对于很多事情的看法变得深刻却不尖锐。这让我有些汗颜。

几个月前，方菲还为了相亲而苦恼——在母亲的强烈要求下，她穿得就像芭比娃娃，精致的妆容，花枝招展的打扮，但依然掩盖不住脸上的不安。

我们最后一次见面时，方菲丧气地说想随便找个人嫁了算了。我很是担忧她的状态，但开不了口，因为那时候的她什么话都听不进去。

比起从前那种过度的打扮，我更喜欢现在的她——目光坚定，谈话自信。对此，她似乎看出了我脸上的疑惑，问道：“你是不是觉得我成熟多了？”

我点头说：“是啊，你到底经历了什么，变化真的好大。”

她说，辞职后的这段时间，自己反思了很多，发现之前自己太想博得别人的欢心，所以用力过度、装饰过度，现在想想都觉得很可笑。

彻底改变她的是一场旅行，当时她轻装简行，说走就走了。在海边，因缘际会，她跟几个小孩子玩耍，这个画面被一名摄影师记录了下来。

她本想让对方删掉照片，但看到镜头里的自己，就放弃了这个念头。原来，不加装饰的自己比平时上相多了，像是一个从未见过的自己。她的脑海里久久回荡着摄影师的话：“其实，你化淡妆很好看，浓妆反而会遮住你纯真的气息。还有，小姑娘，自信点。”

“那一刻，我才知道一直以来自己最大的问题，不是不漂亮，而是不自信。我太急于表达自己，展现自己完美的一面。所以，我决定以后放下‘偶像包袱’，做回真实的自己。”

“哈哈哈，这就对了。想听真话吗？今天的你真好看。”我打趣道。

“我也觉得，我遇见了真实的自己，反而大大地提升了我的颜值，这大概就是你常说的最美的自己吧。”

看来，旅行真的是治愈心灵的妙方，方菲终于不再靠梳妆台上那些瓶瓶罐罐去找自信，对于现在的她而言，化妆品只是锦上添花。即使没有，她的自信也已经秒杀好多普通人了。

几天前，有个读者私信我。她说：“人间不值得，找不到半点美好，看不到一丝希望，没有也不敢再期待什么。”

“我不知道人间是否值得，但我知道你值得，你值得遇见最美的自己。别绝望、别放弃，最美的自己从未放弃过你。”这是我给她的回复。

其实，每个人都在风雨中历练自己，在生活中修正自己。人生的终点，没有人可以预见，我们只能一点点地努力去靠近它。

时光飞逝，一转眼我离开上海已经一年了。上个阶段的自己，几乎已经淹没在浩瀚的记忆中，我只是隐隐觉得自己好像平和了些许，懂得了包容，不再轻易生气。

这大概就是现阶段“最美的自己”吧。

按照我的理解，最美的自己是由自己定义的，而不是别人期待的模样。你可以微胖，可以偶尔慵懒一下，也可以时而任性时而疯狂——这些都没关系，只要感受到自己在成长、在进步、灵魂在徜徉，就是最美的自己了。

在时光里，与最美的自己相逢。只愿你可以一直走啊走，看到沿途的美景偶尔驻足一番，整理好心情再出发。下一段旅程，最美的自己会跟你一起启程，或极速前进，或悠然漫步。

最美的自己，这短短五个字里包含着两点重要的信息：一是自己，二是最美。

韩寒在《后会无期》里说："我们听过无数的道理，却仍旧过不好这一生。"其实，大多数时候我们要么并没有真正听懂道理，要么并不认同，只是一笑置之罢了。

我们常常随波逐流，即使你本身已经很瘦，别人减肥你也减肥，最后你的健康为你的美丽买了单；我们总是嘴上说内外兼修，可修着修着，当听到旁人对你连绵不绝的赞美，你发现还是颜值好用，内涵什么的就被你抛到九霄云外了。其实，最美的自己，三分靠基因遗传，五分靠后天的修炼和加持，二分靠上苍的犒赏。

最美的自己，从未离开，永生相伴。你不用刻意去寻觅它，只需在成就自我的旅途中前行，成长。

最美的自己，在时光里等着你。

Charpter6

我就是我，是颜色不一样的烟火

对于你，有人不认可、不欣赏，自然就有人认可、有人欣赏。他们无法接纳你的某一点，很可能就是你最大的潜力或者优势。

1. 快乐是善待自己的妙方

我们越来越“成熟”了，也越来越不快乐了，嘴角的那抹微笑连自己都觉得勉强，却不得不佯装快乐，佯装“我没事”。

人生虽苦，但总能够找到甜。决定你人生幸福指数的不是好运，也不是财富、地位，而是你获得快乐的能力。

一个女人最高级的魅力，不是她有多貌美、多性感，而是她散发出来的快乐气息让你忍不住想去靠近。

“猪猪女孩”，是近期最流行的女孩性格类型，她们乐观开朗，自带治愈气质，常常被贴上“萌萌哒”“笑点低”“宅”等一系列标签。最重要的一点是，没什么事情可以取代美食在她们心目中的地位。

萌萌就是一个典型的“猪猪女孩”，作为一枚美食控，她从来不会错过任何享受美食的机会。

逛街的时候，其他姑娘满载而归的“战利品”不是化妆品就是好看的衣服，萌萌就厉害了，大包小包全是好吃的。办公桌上除了绿植就是各种零食，这是她缓解压力的法宝。

在萌萌的眼里，美食可以治愈一切的不快。

跟男朋友吵架的时候，只要对方给她一个最爱的冰淇淋甜筒，她就能气消一大半；被领导骂了，回头吃一块巧克力，她又开始叽叽喳喳了；跟同事闹意见，只要冲一杯咖啡，她的烦恼似乎也被冲散了。

萌萌在公司里的好人缘，更是得益于她的那双巧嘴——甜得你都没法儿不喜欢她。这种甜，不是假意讨好，而是发自内心的赞赏、鼓励。

有时候，萌萌随便说一句话都能化解尴尬的气氛，逗得大家不亦乐乎。凡是她在的地方，欢声笑语从未间断，因此，她得了一个“小甜心”的称号。

有一段时间，做项目的压力大，萌萌为了解压，零食几乎没断过，一不留神胖了好几斤。同事好意提醒她稍微收敛一些，小心被男朋友嫌弃。她的脸上却写着“不至于”三个字，继续该吃吃、该玩玩。

男朋友依旧风雨无阻地接送她，两个人的感情没有受到丝毫的影响。男朋友对她说：“你开心吃就吃，微胖更好看。况且，我喜欢的就是你这种潇洒自如的状态，这种骨子里的快乐，我想要老天还不给呢。”

其实，萌萌并不是一个不够自律的人，她朝八晚九的作息规律，多少年来都没有因为任何事情而打破过。但她不希望自己的生活过得像机器一样，只有有松有驰才不会让自己的神经绷断。

“猪猪女孩”是一群爱哭爱笑在苦中找甜的女孩，这样的她们用“快乐”治愈了自己，温暖了身边的人——骨子里的那份倔强与快乐让你忍不住想靠近。

性格决定命运，一个将“快乐”践行到底的姑娘，懂得苦中作乐，幸福指数也会很高。与其费尽心力去提升个人魅力，不如拥抱快乐，传递自己的快乐因子，这才是一个人最高级的魅力。

朋友对我说：“你跟我们都不一样，我们总会有情绪低落的时候，可你好像没有。”

怎么可能？只要身处滚滚红尘，哪有人会没有烦恼、没有低落的时候，我也不例外。只不过，与大多数人相比，我的低落期相对较短，有时候被大家甚至自己忽略了而已。

我想，我是一个热衷生产并传递快乐的姑娘，这种快乐的能力就是“自嗨”。

说实话，自嗨的能力我也是锻炼出来的。因为想要更独立的空间，到上海的第二年我就开始独立居住。本来自己就是一个“话痨”，在开始的一段日子里，独处是一件很不习惯的事情。

怎么办呢？因为珍惜与人相处的每分每秒，我总是办公室里最吵闹的那个。不论他们聊什么，我总要插嘴，而且一打开话匣子就停不下来。还好自己的工作效率高，否则会加班到很晚。

但这远远不够。随着时间的沉淀，我日益成为一个“自嗨”的女子。即使是独处的时候，我也可以找到内心的快乐，因为一点小事就兴奋得不得了。在我看来，快乐一点都不难，很多事情换个角度去思考，你就会豁然开朗。

“可爱”“开朗”“笑点低”，这是同事口中的我。其实，我并不喜欢别人说我“笑点低”，后来也就慢慢接受了。

事实证明，我的笑点确实比他们低。大家看同一个综艺节目，我一瞬间能够笑得前仰后合，别人却纹丝不动；大家分享一件好玩的事，对方常常还没有讲笑点呢，我就已经笑得不能自已；描述一个悲伤的故事，也不知道为什么，从我嘴里说出去就变成了一个搞笑的段子。

值得开心的是，这样的我并没有被朋友嫌弃。他们常说，只要有我在他们身边，他们就不会有抑郁的时刻。

如果可以，我希望把这种快乐传递给每一个人，这也是当初我创办公众号的初衷。

快乐其实可以培养，只要你愿意接纳这样的自己，肯扔掉一些心底的束缚，不那么在意一些人和事，你会发现这个世界是那么有趣。

我们总想着多挣点钱，因为活着太苦太累了，到老了时可以享享福。诚然，背负着巨大的经济压力，我们会焦虑、惶恐甚至崩溃，这似乎是每一个成年人必须接受的状态。但等我们挣到了钱，可有样东西再也找不回了。

你知道是什么吗？不是青春，不是光阴，而是快乐。

其实，你不需要让每一个人都快乐，那不容易。可当你自己真正地拥有了快乐，你的快乐就会感染身边的人，然后你们聚在一起就像是一个快乐的能量团，发光发热。

很多时候，快乐是一种选择，我选择用快乐去换取其他东西，是因为我知道这种发自肺腑的快乐会陪伴自己在黑夜中找到一丝光亮，让我即使身处窘境也不会失去自己的本心。

我的快乐秘诀是——遵从本心的选择，对自己好一点，善待自己，也就是不去强迫自己。

2. 别让不好意思害了你

在人际交往中，有一种人，你对他们越不好意思，他们对你越好意思。所以说，学会拒绝是我们迈向成熟的必经之路。

拒绝，不会让你失去价值，反而是价值的加持。适当地 say no，是每个人必备的能力之一。

“葛主编，这是咱们绩效调整前后的数据对比，您看一下。”柯莹将手中的数据表递给了葛主编。

“5 月 15 日前后，咱们品牌的关键词明显掉了好几页。6 月底的时候，网站的权重也从 4 掉到了 2。当然了，数据的波动可能是暂时的，但我们不该掉以轻心。从我的角度来看，因为 KPI 的调整，数量提高了 2 倍多，质量下滑是必然的。文章的原创度对于排名的影响，我想不用我多说，你肯定比我更清楚。”葛主编眉头紧蹙，若有所思。

“我能够理解公司和您的业绩压力，其实我也希望自己尽可能为公司创造更多的利润，但如果因此让之前的心血付之东流，挺不划算的。我希望您跟领导能再慎重考虑一下，希望绩效这部分做些微调，这么大的工作量，效果明显不如过去，可见盲目地提高数量其实意义不大。从我个人的角度来说，不顾质量的活儿我确实接受不了。”柯莹有条不紊地陈述着。

“嗯，柯莹，其实这个工作量已经减了很多。之前的编辑运营十几个平台，100 篇文章只是下限，况且工作量不是你自己来制定的。我们的要求是质量和数量兼顾，你懂吗？”葛主编原本想在气势上压住柯莹，谁知道却被对方反将一军。

“葛主编，您要这样对比的话，我想请问您，之前那些编辑的绩效如何？您也看到了，我来之后这个阶段的绩效，数据是骗不了人的。在 50 篇文章的基础上，质量我完全可以保证，但 100 篇文章这样的指标，恕我无法完成。很抱歉。”

几番对峙后，葛主编也理智分析了现状，内心动摇了。

柯莹看出领导的微妙变化，顺势做出保证，承诺下个季度的客户咨询量要翻一倍，但需要领导彻底放权，至少不要在数量上为难她。

这本就是领导的最终目的，增加数量是为了促成这一结果，既然柯莹自己填了坑，也没必要再咄咄逼人。

三个月后，网站各项指数达标并日趋稳定，客户咨询量翻了一倍多，订单成交率也有了显著的提升。

葛主编连连表扬以柯莹为首的主创团队，哪里还记得当初的那场“针锋相对”。反而，经过此事，几个部门经理对柯莹这个小丫头都竖起了大拇指，她的意见和方案常常会全票通过，职业发展也有一路开挂之势。

规则是死的，人是活的，只要你能够完成业绩指标，争取获得最大的利润，小范围的拒绝对领导来说未必不买账。其实，职场里最需要的不是只知道一味地接受、唯唯诺诺的员工，而是能够发现问题、解决问题的精英。

深夜，手机铃声吵醒了已经熟睡的林老师。

林老师接通电话，对方是高二年级的语文老师王老师，因为家里临时有事，想让林老师替她监考。

但这一次，林老师拒绝了对方。以往，像这种换课、替监考的事，她都是有求必应，她的处世哲学是：与人方便，与己方便。

去年，校方组织部分老师去上海出差，林老师需要换课。这原本是班主任的分内事，身为班主任的王老师却借口推辞了。在这之前，林老师不知为她解了多少次围，这些恩惠在她眼里怕是理所应当的。

风水轮流转，王老师倒是心大，没觉得有不好意思的地方，张口就要林老师帮忙。许是天意，排监考表的小吴漏排了林老师，她就算有心换也无力为之，所以果断拒绝了。

太轻易答应别人的请求，你的帮助会变得廉价，你的价值感也会越来越低。适当地拒绝，一方面可以减少自己不必要的麻烦，另一方面会释放出一个强烈的信号：我的时间也很贵，我不是谁都会倾囊相助的。慢慢地，你帮过的人才会记住你的好，而那些妄想占你便宜的人就会三思而后行。

类似这样的事情比比皆是。不相干的人张口就要你帮忙写文章、做海报、借钱，而其实你们一点儿都不熟；微信里那些奇怪的投票、推广链接，发过来就要你为他们帮忙，可反过来，他们对你的需求却视而不见。

对于这样的人，置之不理或者干脆拒绝都是明智的选择，他们不值得你浪费时间成本。

是啊，我们该 say no 的时候就要果断拒绝，赶早不赶晚。不用在意那么多，你不需要因为好面子而勉强自己，也不必产生任何多余的负罪感。就像太宰治在《人间失格》中所说："我的不幸，恰恰在于我缺乏拒绝的能力。"

很多时候，人际关系就是一场博弈，你越退让，换来的可能就是对方的得寸进尺。很多事情，如果在一开始你就露出了自己的锋芒，对方也就没有继续为难你的机会了。

18 岁之前，我也跟很多人一样，同情心泛滥，对待身边的人总是有求必应。

后来，生活让我渐渐明白：我没有拯救世界的义务，我只能够在自己的能力范围内去帮助那些值得我付出的人。做人，亲疏有别是必要的，做到适当地拒绝才会得到真正的友谊。

优柔寡断是在浪费自己的时间，也会让事情变得复杂。不喜欢的事情你就不要去做，讨厌的人你就拒绝去靠近，不想帮的忙你就拒绝，简单又高效，何乐而不为呢?

现在的我丢掉了不好意思的包袱，才发现生活其实没有那么复杂。一些不必要的社交，不会因为不好意思而勉强参加；熟人的不合理要求，也不会因为抹不开面子而照单全收；扑面而来的广告，更不会因为不敢拒绝而盲目接受。

拒绝，是你最有力的防线。守住了它，旁人自然不敢挑衅，你的付出才会有同等的价值。越拒绝，越轻松。敢于 say no 的你，才有机会拥抱更多自己想要的东西。

3. 你不必取悦全世界

在这个世界上，如果非要让我选择一个人去取悦，那么，我希望这个人是自己。因为，比起取悦别人，取悦自己来得更舒心。

就算全世界的人都不喜欢我，我也要喜欢自己——我只想为自己的快乐买单。

对不起，我只想取悦自己一个人。

白羽在为新人做培训的时候，一番良言一度被大家奉为圭臬："大家都是刚刚步入职场，可能你们会听到一些如何讨好同事、如何取悦上司的套路。不过，在我们部门，请大家都收起这些小聪明。你们不需要讨好我，我对你们只有一个要求，那就是出色地完成工作，如此便好。"

白羽在公司的口碑一向很好，从 BOSS 到普通员工，甚至到后勤、食堂阿姨，对她都是赞誉有加。

很多人觉得白羽情商高，嘴巴甜，夸人恰到好处，总能够完美化解窘境，里子面子都不伤。最关键的是，发现问题、提出问题、解决问题，她从不含糊。升职考核的时候，她几乎是秒过。

当然，人无完人，白羽什么都好，就是不爱应酬。

每年的年会，白羽总是在表演完节目后便溜回自己的位置，继续享用美食。而看着他人围着 BOSS 敬酒，甚至是夸张地讨好，她都无动于衷。用她的话说，自己不喜欢看任何人的脸色行事，做好自己该做的就行。

关于取悦，白羽有自己的独特见解："我喜欢夸人，喜欢解围，热爱分享，第一时间会挺身而出，但做这些与取悦无关，我不想刻意博得谁的欢心。我只是知道，自己开心，顺便能感染到周围的人，如此就好。如果说非要让我去取悦谁的话，我只想取悦自己。"

恰恰是这套"取悦自己"的理念，使得白羽在人际关系中占据了主动权。在旁人的眼里，她自信、有魅力。她不会因为别人的无心之语而郁郁寡欢，更不会因为谁的褒奖而骄傲，这种能力让她在人生的舞台上大放异彩。

读者小西的男神似乎已经情有所属，但她不甘心。她在网上找到一名所谓的情感专家，人家教她如何追男神，比如投其所好取悦他，改变自己成为他心目中的女神。

即使再聪慧的姑娘，一旦陷入感情的旋涡很容易迷失自己。自此，小西无心工作，完全听从咨询师的"指导"去行动。她模仿男神喜欢的女孩子模样，买最贵的衣服搭配最贵的首饰，浓妆艳抹。她学着在感情中博弈，去取悦他，但一切都无济于事。

最后，男神直言：“小西，谢谢你，你的改变我都看到了，但我真的不喜欢你。”

小西不解，为什么按照情感专家说的去做了，还是一无所获呢？我告诉她：“你不需要听任何情感专家的话，你需要认清自己，学会取悦自己就行了。”

其实，很多姑娘都会为了喜欢的人去改变自己，化妆打扮、健身美容、泡图书馆，努力去接触对方的喜好，从而取悦他。可能你会想，只要自己努力变得更优秀，他就不会离开自己。

恋爱是为了开心，而不是找虐。如果你在一段感情中持续受伤，当难过远远超过开心的时候，你该明白，是时候放过自己了。

自我提升是一件好事，但带着取悦别人的任务，你是放不开手脚的。你想要外在变美，修饰内在，这都没问题，但必须以取悦自己为初衷——听听心里的声音，你的一番改变自己喜欢吗？

答案如果是“yes”，那么请继续；如果是“no”，你需要重新考量一番。

爱你的人，不需要你取悦，因为他会心疼；不爱你的人，你再费尽心力地去改变，他都看不到。好的感情需要的不是投其所好，而是走心。感情里的博弈，最终都会被时间击败，因为刻意代替不了真实，伪装掩盖不住真相。

《今日头条》上曾经有一个问题："怎样才能让更多的人喜欢自己？"

我回答："取悦别人前，请先取悦自己。要让别人喜欢，首先你要喜欢自己、欣赏自己，由内而外散发出一种自信。你也必须明白，这世界上没有人能够被所有人喜欢，不要因为希望别人喜欢而改变自己，要知道，你要先做自己，做最好的自己。"

取悦自己并不难，不要给自己套上枷锁。每个人都有取悦自己的能力，了解自己、接纳自己、找到自己的闪光点，就是最好的取悦了。

这个世界上并不缺少美，而是缺少发现美的眼睛。睁开眼睛，用心去感悟，你一定会找到自己的与众不同。习惯取悦自己的人，更容易包容、平和，自然会得到别人的喜欢和欣赏。

取悦自己的人，总会无畏无惧，总会事半功倍，因为少了取悦别人的思想包袱，乐得自在。你喜欢烹饪就去研究厨艺，你想要写作就去看书练笔，你想要健身就去做，不用在意别人的评价。

当你想做一件事的时候，别问自己能够得到什么，也别担心自己会失去什么。因为想做，便做了。因为喜欢，便有了动力。

取悦自己的内驱力总会给我无坚不摧的信心，我只想走下去，越走越远。

我的世界我说了算，你喜欢也好，不喜欢也罢，我只会取悦自己。

4. 余生还长，请勿慌张

如果把人生的长度视为一把度量尺，你的余生还有多长？

这个问题恐怕没人可以回答，那些数不清的“来不及”和未完成的心愿，似乎总在不经意间鞭打着我们。听着钟表指针的滴答声，看着时光一点点地流逝，你一定很慌张吧？

或许正如熬汤需要小火慢炖，我们的人生也需要细嚼慢咽，那样才能够品出真正的味道。节奏放缓一点，脚步迈小一点，在时光里找准自己的位置。可好？

毕竟，余生还长，请勿慌张。

这段时间，有几个微信群炸开了锅。

朋友小青辞去公司高管的职位，开始为期一年的游学之旅。有人羡慕她诗一般的生活，有人则不解她为什么要放弃年薪 50 万元的工作，亲朋好友甚至开始担心起她的未来。

事实上，半个月前，顶头上司已经暗示过小青将会再次升迁，公司副总的位置非她莫属。那个位置曾经是小青梦寐以求的，可如今她毫不犹豫地选择了放弃。

小青不是名校出身，也没有很好的家境，一路过五关斩六将，一步一步努力才有了今天的位置，难道就这样放弃了吗？

“可能因为自己没有很好的基础，所以总想着跑在前面，我拼命地跑啊跑，生怕一不留神就落后了。这些年，从上大学到参加工作，我马不停蹄地朝前赶，没给过自己一点儿喘息的机会。

“那天，当老板告诉我即将升迁的消息时，我的内心毫无波澜，似乎已经猜到了结果，因为这是我拼命换来的。可有的东西，那时我已经不想要了。”

这是小青准备离职前，我们最后一次视频通话的内容。所以，当听到她离职消息的时候，我并不惊讶。

我知道，她跑累了，想要休息一阵子，也想借此机会好好地沉淀一番。对于现在的她而言，或许一段时间的游学要比继续拼命前行更好——休息也好，重新找到新的方向也罢，都是给未来的自己最好的礼物。

有些人可能会很纳闷，就这样中断自己蒸蒸日上的职业生涯，会不会是一种浪费？会不会失去更好的人生机遇？

事实上，你的每一段经历都不会浪费，你的每一次沉淀都是为了更好地起飞——在未来的时光里，你会遇见新的机遇，也会看到新的自己。与其匆匆地完成人生的指标，不如去欣赏自己每一阶段的成长。

余生很长，你会拥有一切自己想要的东西，切莫操之过急。

人生最大的遗憾是什么呢?

不一定是在30岁后没有实现财务自由，没有走上人生巅峰，而是在最不想与世界告别的壮年之时撒手人寰。

几天前，我和朋友恰巧聊到这个话题，我们都一致认为，赚钱再重要也不如健康重要。

朋友的一个远房表哥阿强，因为连年劳累，好好的一个人说没就没了，留下孤儿寡妻和年迈的父母。

阿强的家里条件一般，但人比较好强，他曾对家人承诺，工作5年内在上海买房，并把父母接过去。

说实话，定下目标简单，可实现却很难——上海的房价就不必多说了，现实生活是竞争与压力并存。阿强是程序员出身，仗着年轻，没日没夜地加班赶项目，甚至经常性地带病上岗，落下一身毛病。

这样的付出显然没有白费，不到5年，阿强买了房，结了婚，也把双方的父母接了过来。

婚后，为了给家人更好的生活，阿强和朋友一起合伙创业。自己创业，意味着有更多的机遇、更重的担子，更意味着没有多少时间休息。

谈合作、做项目，带着团队一起往前走，阿强日夜操劳，总算是闯下了一番天地，公司也慢慢地走上了正轨。眼看着要开启真正的幸福时光了，却来了个晴天霹雳：孩子才落地没多久，阿强却查出患了胃癌，他经不住打击，在身体和精神的双重折磨下不久就走了。

阿强走的那一年是35岁，正值壮年，他实现了财务自由，有房有车，有自己的公司，还有幸福的一家人。在我们普通人的眼里，他也算得上是人生赢家了。

可阿强走了，全家人陷入深深的悔恨与自责中：如果可以重来，他们宁愿不要这房子，不要这公司，更不要这些钱。人都没了，要这些有什么用？

可惜，世上没有后悔药可吃。

其实，阿强的故事并不是个例，在他的身上，我们可以看到自己的身影：有多少人年轻时拿命换钱，老了以后拿钱换命，还不一定换得到。

我知道，很多人如此拼命，只是为了给家人更好的生活——我们很怕自己成功的速度赶不上父母老去的速度，很怕因为自己不够成功给不了爱人更好的生活，更怕在最缺钱的时候自己只能傻傻地站在一边，什么都做不了。

年轻人，你理应拼搏，但别拼命。余生，我希望你能够不断地走向终点，而不是在冲到一半时便倒下了。

有的人在20多岁时就实现了财务自由，却在30多岁时负债累累，过着窘迫的生活；有的人在20多岁时结婚生子，却在

30 多岁时离婚；还有的人在 20 多岁时一无所有，却在 30 多岁时过上了自己喜欢的生活。

你能够说他们的人生一定成功，或者失败吗？

不能。

衡量人生成功的标准，不仅仅是世俗所认定的有钱、有房、有人爱，更多的还是要遵从自己的内心。

余生很长，莫操之过急。只要你认真努力，只要你不负初心，只要你善待生命里的每一次“馈赠”，该有的你都会有，因为所有的礼物都在路上。

5. 选择好走的路，不如走好选择的路

马可·奥勒留在《沉思录》中说：“凡是符合本性的事情就都值得去说，值得去做，不要受责备或流言的影响。如果你认为说得对、做得好，那你就不要贬低自己。别人有别人的判断方式，有自己的特殊倾向，不要去理会他们……”

选择只能自己做，路也只能自己走，任何人都不可能代替你去走完你的人生。旁人的话，或出于善意，或有其他意图，听听就好，别让他们的言语左右了你的判断。

走自己的路，让别人说去吧。

费然绝想不到会再见到彭博，并且与之成为合作伙伴。她不由得想起当年的那场对话，心想，那时还真是小瞧了彭博这小子，人家还当真在广告界站稳了脚跟，做得风生水起。

费然：“真的想好了，不再考虑一下吗？”

彭博：“嗯，这份工作并不适合我。鞋穿在脚上，只有自己

才知道是否合脚。”

费然：“好吧，那我也不强留。之后有什么打算吗？辞职后的一笔笔开销可不小。”

彭博：“我想去广告公司试试，毕竟那才是自己最擅长的。”

费然：“哦？咱们公司楼上倒是有些不错的广告公司，不过人家的门槛可不低啊！”

彭博：“我知道怎么做，不劳费总您操心了。”

如今，彭博主管广告公司的对外业务，他客气有礼，成熟干练，俨然不再是当初的少年。

在这个世界上，如果有谁特别了解你，恐怕只有你自己。因为，别人眼中的你只是众多的“你”之中的某一个或者某几个，他们的评价可以作为参考，却不能作为判断标准。

所以，当你确定去走一条路的时候，只需抬头挺胸大踏步地往前走。

在一所物理实验室内，教授按照惯例将写好操作步骤的纸条发给学生。

有一名男学生却一如既往地将纸条揉成团状，然后塞进上衣口袋。很明显，他并不想遵循教授那套僵化的步骤去做实验，他有不同的想法。

这名男学生低着头，看着玻璃管里闪动的火花，大脑沉浸在美好的物理世界中。这时只听“轰”的一声，他的思绪被重新带回到现实中，并且手上沾满了鲜血。同时，这也惊动了在场的师生。

了解到实际情况后，教授很是生气，向系领导反映情况，并要求处分这名我行我素的学生。

这名学生就是爱因斯坦。

两周后，教授见到爱因斯坦深表遗憾地说："可惜了啊，你为什么不去学医学、法律或者语言学，而非要学物理呢？"教授固执地认为，像爱因斯坦这样调皮的学生是从事不了物理研究的。

爱因斯坦说："我非常喜欢物理，也认为自己具备研究物理学的才能。"

教授听后，摇头叹道："我是为你好，听不听由你！"

爱因斯坦执着地遵从了自己的想法，没有轻易被教授的话所左右，后来他成为一名伟大的物理学家。

"我是为你好"，这话熟悉不？

我们身边总会出现这样那样的声音，人们站在自己的角度不想让你"踩雷"，但这个"雷"一定是雷吗？只有真的去踩了，你才知道——这就好比，路是否走得通，只有走了之后才能得出结论。

没有调查就没有发言权。很多时候，我们只能给别人提供建议，却不能指导别人的人生。

决定人生高度的，是选择和努力。

当你选择一条众人未踏过的路，一定会有质疑的声音，一定会遇到很多障碍，但同时这条路也可能是唯一的“成功之路”。一旦走过，回报率恐怕不会低，正所谓高风险高回报。

当然，选择了一条不好走的路，注定要承受更多，也许是孤独，也许是呕心沥血的付出。如果能够坚持到走通的那一天，你便可以登顶呐喊，扬眉吐气。

不要去羡慕别人的成功，也许通往成功的路就在你的脚下。我们的结局，或许就是数次选择叠加的结果，这就跟打保龄球一样，10 个瓶子，每次砸倒 9 个得 90 分，每次砸倒 10 个得分就成了 240 分。

这也是人生的计分法则，在数次选择中，每胜出一次，你就会多赢得一次机会，而机会又会影响到你的下一次选择——如此循环往复，输赢不言而喻。

选择荆棘之路的人，总能抢占先机，一次次披荆斩棘冲上峰顶。而那些习惯待在舒适区的人，因为旁人的三言两语就背弃自己原本该走的路，总是畏首畏尾，没有一点冲锋陷阵的勇气，机会就这样一次次地错过了。

前者的路会越来越好走，他们总在选择挑战，在一次次的险阻中，他们锻炼出了直面险阻的能力。而后者的路则会越走越窄，选择也会越来越少，竞争就会越来越激烈。

不要因为别人说这条路值得走、可以走，你才愿意无畏无惧地前进，那可能不是适合你走的路；更不要因为你的选择受到质疑而怀疑自己甚至放弃选择的路，那可能是改变你命运的好路。

你的人生，不该由任何人来主导——路怎么选、如何走，不是由别人来定，你说了才算。

6. 我就是我，是颜色不一样的烟火

歌曲《我》有一句唱词完美地诠释了每个人的与众不同："我就是我，是颜色不一样的烟火。"

"天生我材必有用"，所有人都有自己的使命和价值，我们不用去模仿任何人，你有你的光芒，他有他的光彩。

你就是颜色不一样的烟火，璀璨耀眼，熠熠生辉。

一个人的少年时期，足以影响他的一生。

母亲参加完一次亲子活动后，被日语老师叫到一旁谈话："大姐，你也别头疼了，这孩子很有语言天赋，实在不行的话就送她出国留学吧，学校可以帮忙联系。"

当时我还在上初中，学习成绩总是忽高忽低，一度让母亲很是担忧。因为这个问题，我也常常郁郁寡欢，可只要走进日语课堂，我整个人的状态就完全不同了，仿佛插上了梦想的翅膀。

我是班里年龄最小的学生，却是老师眼里出色的"明日之

星”，在学日语的过程中，我第一次感受到被赞赏、被羡慕的目光。后来，我有幸参加了高中生访日代表团，那短短十来天的访日经历，让我再一次对自己的语言天赋感到骄傲。

虽说我的日语水平还处于初级阶段，但与寄宿家庭之间的交流让我印象深刻：在与寄宿家庭共处的几天里，我被“日本家人”赞赏过发音和口语，我从他们的眼神里可以看到，那是由衷而发的赞赏。

可惜的是，因为考学的压力，我被迫中断日语学习。上大学时，因为兴趣，我报了日语选修课，也通过了日语能力考试，这些都是基于当年良好的日语基础。

学过一点点日语并不是什么了不起的事情，但这断断续续的学习过程却给我的人生带来了很大的影响——我知道自己的特长在哪里。

在我成长的过程中，我始终确信自己是与众不同的，我就是我，是颜色不一样的烟火。

所以，当别人对我做出不客观甚至恶意的评价时，我从来都不放在心上。遇到不喜欢自己的人，我也不太在意。我的内心独白是：你不喜欢我、不欣赏我，那是你没眼光，不是我的错。我也没义务让所有人都喜欢我。

当你与众不同的时候，未必是你不好，可能只是身边的人没有发现你好的地方。

其实，随着年龄、阅历的增长，你会发现旁人的看法并没有那么重要。他们觉得你没出息，你就一定不会有好的发展吗？他们说你性格不好，你的人际关系就一定会很糟糕吗？

未必。

你的人生从来都不在别人的嘴里，而在你的行动中。事实上，这个道理我们早在童年的时候就已经知道了。

还记得安徒生的童话故事《丑小鸭》吗？丑小鸭一出生，因为长相与众不同被大家当作“丑小鸭”，受到种种不公平的待遇。大家都打它，想要赶走它，终于有一天，丑小鸭不堪忍受折磨而逃走。

但这种处境并没有因为丑小鸭的逃走而结束，直到它终于可以正视自我、开始有自己独到的见解、开始有勇气主宰自己人生的时候，它离开了那个足以“安身立命”的农家小屋，遇见了美丽的天鹅。

这一次，飞向天鹅的丑小鸭没有再受到排挤、讥笑，因为它找到了自己真正的同类——它本就是一只美丽的天鹅。

小时候，我一直以为是丑小鸭蜕变成了天鹅，现在想来，不是丑小鸭变成了天鹅，而是丑小鸭在不断成长的过程中发现了真正的自己，最终遇见了最美的自己。

其实，这个故事也是安徒生自己的写照。当时，他恰好有一部剧本《梨树上的雀子》在上演，但作品受到了不公正的批评，《丑小鸭》这篇童话就是他在心情极度不好的情况下完成的。

安徒生30岁开始写童话，出版了第一本童话集，内含《打火匣》《小克劳斯和大克劳斯》《豌豆上的公主》《小意达的花儿》四篇作品，却并未获得好评。甚至有人认为安徒生没有写童话的天赋，建议他放弃。安徒生霸气地回道："这才是我不朽的工作呢！"

你看，当身边出现质疑的声音或者有人不喜欢你的时候，你的选择决定了自己的未来。

如果丑小鸭一直被自卑所折磨，没有自己的想法，没有主宰命运的勇气，那么它可能永远不会知道自己是天鹅，永远不会遇见真正的自己。如果安徒生因为旁人的批评而消沉，恐怕我们也不会看到《安徒生童话》了。

谦卑是美德，但自卑不是。你自卑的时候，会不自然地"对号入座"——可能在大街上别人多看了你一眼，你都会觉得是不是自己太丑了；听到两个人交头接耳，你可能会觉得对方是在说你的坏话。

在人群中你不敢表达自己，害怕遭到旁人的质疑或者攻击，但这样随波逐流，究竟何时你才能找到真正的同类呢？所以，当你不被看好甚至在人群中被孤立的时候，请丢掉耻辱、难堪的包袱，去展现自己真实的一面。你要相信，你的与众不同恰恰是自己最弥足珍贵的地方。

对于你，有人不认可、不欣赏，自然就有人认可、有人欣赏。

他们无法接纳你的某一点，很可能就是你最大的潜力或者优势。

亲爱的，当你找到自己的闪光点，你会明白自己有多么优秀、多么耀眼。那时候，你吸引到的目光才是真正属于自己的光芒。

走自己的路，做最好的自己。我就是我，是颜色不一样的烟火。

如果结局不好，一定不是最后的结局

回首那些逝去的岁月，我们有过多少次自以为糟糕的结局，但那些都不是终点，只是吹响生命中下一场“攻坚战”的号角。

1. 路选了，便一条道走到底

“当你知道自己想要什么的时候，就不要回头。一条道走到底， 这样才酷！”这是我想要传递的生活态度。

看不到尽头的路，很多人很难坚持走下去，但若是自己喜欢的、憧憬的路，我还是愿意走完它。

路选了，便一路向前不回头。

任雪和父亲的关系有些僵，原因是她违背了父愿，高考后报志愿的时候放弃医学院，偷偷报了播音主持专业。

因为女儿的“不懂事”，父亲拒绝负担任雪的学费，就连母亲悄悄地汇钱也被硬生生地打断了：“这是她自己的选择，那么，她就必须承担这个后果。”

即便如此，倔脾气的任雪也绝不认输。上学前的暑假里，她兼职了好几份工作，每天起早贪黑才挣够了学费。

任雪知道自己已经没有了退路，只能一路向前。勤工俭学的同时，她朝着自己的梦想火力全开。无论是空旷的场地、无人的教室、热闹喧哗的广播台，还是学院配置的播音室里，总少不了她的身影。从发音练习到台词练习，再到上镜练习，她日复一日地在寻找自己的优势和机遇。

任雪参加过多次省里组织的朗诵比赛，主持过本校的校园歌手大赛，甚至在老师的推荐下进入省电视台实习，她离梦想越来越近了。

一次偶然的机会，任雪看到一个情感公众号在招聘主播，她大胆试了音并被录用。一段时间后，越来越多的听众喜欢上了她的声音，越来越多的平台也开始联系她。不久，她成了某平台的签约主播。

三年后的十一长假期间，她第一次“敢”回家了。

一见到女儿，父亲张口就想教训她一顿，但看着女儿憔悴的模样，又不忍心开口。这一次，老泪纵横的父亲再也按捺不住，他紧紧地抱着“失而复得”的女儿，说道：“傻丫头，你怎么就这么倔呢？累得住院了也不肯告诉家里吗？”

“爸，我不后悔，我也不是怨恨你，我只是不敢……我怕让你失望，也怕让自己失望。现在，我在做自己喜欢的事情，也能够自立了。你们愿意原谅我吗？”

“傻丫头，爸爸只是担心你，当初说的也是气话。没想到你真能够做出成绩，没丢咱老任家的脸，是我的好闺女。”

父亲眼里都是自豪的目光。

如今，在工作的同时，任雪也做起了自己的电台，人气不低，聚集了不少粉丝。她的个性签名是："无路可走，才是最好的出路。我笃信，这就是我想走的路。我不奢望将来自己会有多火，只想沿着自己的轨迹继续走完这条路。" 路是我选的，我就想走下去，努力看看自己可以走到哪一步。你呢？你有梦想，认定了，哪怕只有百分之一的可能，也要试试看。

当年，百岁高龄的摩西奶奶收到一个年轻人的来信，他讲述了自己遇到的问题，并寻求建议。

年轻人是外科医生，有一份稳定又备受尊重的工作，但他的梦想是成为一名作家。年近30岁的他犹豫了，如果现在去追求梦想，势必要承担巨大的风险。他该不该放弃这份稳定的工作，去走自己热爱的写作之路呢？

摩西奶奶回了一张明信片，上面画了一座谷仓并赠言："做你喜欢做的事，上帝会高兴地帮你打开成功之门，哪怕你已经80岁了。"

至此，这个年轻人仿佛看到了希望之光，他毅然决然地走上了写作之路。他就是后来轰动日本文坛的知名作家渡边淳一。

当年，渡边淳一所在大学的附属医院进行日本首例心脏移植手术，这本是一件值得自豪的事情，然而，这件事却改变了渡边淳一的人生轨迹。

怀着对生命的敬畏之心，渡边淳一对专家的判断提出了质疑，他认为被摘除心脏的患者并没有真正地脑死亡，这个论断却不被专家认可。就这样，他意识到自己可能要寻找一条新的路去走，于是他选择了辞职。

这下可好，家里炸开了锅。母亲愁坏了，说他不务正业，放着好好的医生不干却要当什么作家，这不是开玩笑吗？

然而，无论身边的人说什么，此时的渡边淳一已经铁了心，只想从事自己热爱的写作事业，一条道走到底。幸运的是，当年渡边淳一凭借《光与影》拿下了直木奖，此事给予他极大的信心，家人也只好默认了他的选择。此后，他来到东京正式开始了自己的写作生涯。

慢慢地，渡边淳一逐渐成长为一名成熟的作家，他相继写下了《失乐园》《无影灯》《遥远的落日》等50余部脍炙人口的作品，深受读者青睐。

对于普通人来说，转行是改变人生方向的重要决定。你若确定这就是自己想要走的路，不妨去试试看，一条路走到头或许会有奇迹发生。

摩西奶奶说：“当你选定一条路，另一条路的风景便与你无关。”

在人生的岔道口，我们不可避免地要做种种选择，走哪一条路会通向终点没有人知道，那不妨选择一条你所热爱并愿意为其“赌上”未来的路吧。

选定一条路，莫问前程、莫问艰险、莫问结局。既已做了选择，那就别回头，脚踏实地地走下去就是了。无论别人如何看待你，你都别放在心上，你只需要遵从自己的内心，心无旁骛地踏出一条属于自己的路。

我选择的路，纵使千难万险也要踏平坎坷，走向未来，因为我始终相信——黑暗的尽头必是光明，梦想的彼岸必有惊喜。

路选了，便一条道走到底。

2. 因为欢喜，所以甘愿倾注所有

人是情感动物，我们常常被各种各样的情感支配着，喜欢是其中一种幸福又微妙的情愫。喜欢一个人，你可以为其义无反顾；喜欢一件事，你也愿意为之付出所有。在这个过程中，我们常常忽略了代价。

为什么有的人可以为了爱好而一掷千金？为什么有的人下了班，还要不辞劳苦地重新整理文案、画图、码字？为什么他们可以不计成本地做一件事？

因为欢喜，所以甘愿倾注所有。

在很长一段时间内，她是旁人眼里“别人家的孩子”，乖巧伶俐，人生一路顺风顺水，有着人人羡慕的锦绣前程。后来，她将过去的种种辉煌“清零”，走上了自由摄影师的道路。

这个姑娘外表看似恬静柔弱，内心却坚定而富有灵性。她就是曾经走红全网的前学霸外交官刘小溪。

热爱摄影，想要用手中的相机记录大千世界的人生百态、想要更加自由地进行创作，刘小溪开启了人生的新阶段——自由摄影师。

对于不是摄影科班出身的她来说，从一开始就意味着挑战。

因为喜欢北京，刘小溪义无反顾地奔向了这座陌生的城市。她在北京租了一间 LOFT 作为工作室，地方虽然不是很大，却见证了她梦想的起航。她采办好道具、设备，精心布置后开始自学专业技巧，常常熬夜，边修图边思考如何布景。

最开始的时候，刘小溪没什么名气，只能接到零星的单子。鉴于此，她必须走出去寻找新的机遇。有一回，她报名参加一个剧组的剧照摄影工作，在零下 16℃的北京郊区硬是扛了 16 个小时，直至手脚冻僵，失去知觉。

就这样，通过不断学习、不断积累、不断尝试，刘小溪的工作室终于运转起来，一切都在朝着预期的方向发展。看着镜头下一个个活色生香的人物，以及他们眼里流露出的幸福，她似乎实现了全部的期待。

你说，一个二十几岁的姑娘，是凭借什么样的力量走到了这一步？这是她对生活的热爱，对自由的向往，对摄影的执着追求。

按下相机快门，听到“咔嚓”的一瞬间，看到满脸的笑容、坚定的眼神，那是她每天最幸福的时刻。捕捉生命的美好，记录世间百态，她在别人的生活中找寻着自己的方向，在一次次追逐中变得愈加坚定。

不计成本地付出，毫无保留地倾注所有，这样孤注一掷的冒险，只是因为欢喜。

我运营公众号也有半年多了，从公众号定位到栏目设置，再到选题策划、内容输出、排版设计以及活动运营，这些几乎耗费了我全部的心血。每一个环节、每一个细节、每一次改版，我但求精益求精。

熟悉我的读者都知道，我的公众号一直以来坚持原创，坚持带给大家有价值的内容，希望与读者共同成长。虽然我也会写一些鸡汤文，不过我的鸡汤文有所不同——我不会把自己的理念、想法强加给大家，只想引导大家去思考。

前段时间，因为写稿我暂时“闭关”了一段时间，无意间我还收获一枚新的铁粉。大致翻阅公众号后，她说：“很多事情说得很客观，看的时候很平静，但是我觉得很有思考的空间，也许这才是现在这个社会所需要的。”

如果我的文章真的能够带给读者这样的体验，那么，我做的一切就是值得的。

我似乎把公众号当成了一个生命在孕育、在培养，看着它一点点成长，一天天壮大。正是怀揣着这样的心情，我才心甘情愿地不断投入，不计回报。

我看着公众号从零到有，粉丝从一位数质变到四位数，这其中的心酸与感动竟让我一时词穷。最让我快乐的瞬间，也许是听到读者报喜的瞬间，或者是在读者群里与大家畅所欲言的时刻，也可能是互动留言、寄送礼物的瞬间……

其实，像我一样用情怀做公众号的朋友还有很多，他们精心打造着自己的小天地——做内容，想点子，做活动，广征稿。

总有人问钱从哪儿来？赢利了吗？其实，我只挣到了一点儿零花钱，对于整个公众号运营来说，这只能算是杯水车薪。怎么办？自掏腰包呗。你问我值不值？如果单纯地计算时间、经济成本，那一定不值，可这些我不是特别在意。

有一位同行说：“其实对我们来说，投资公众号就像别人投资其他爱好一样。有的人喜欢摄影，光是几个单反镜头就要耗费不少银子，与之相比，我们的运营成本不算多。只是我们想要投资的爱好是公众号，从选择做公众号的那一刻开始，我们注定要倾注更多的东西——时间、精力、金钱、灵魂。”

要把公众号真正地做好、做大，也许还要很长的一段时间，但我不会放弃。我想把这件事坚持下去，直到我坚持不了的那一天。

究竟要有多热爱才会甘愿倾注所有呢？我想，如果确信这件事，你可以坚持很久，久到一辈子，那么，这大概就是你生命中的挚爱之事了。

我不愿去想公众号可以运营多久，如果可以，我希望到地老天荒。只是，人生无常，我不想去做这样的假设，那就跟着自己的心走，做自己喜欢的事情。

人生不过匆匆几十载，总要为一人奋不顾身，总要做一次不计代价的事。那份欢喜，是我们无法拒绝的诱惑，让我们不管不顾地靠近它，与它相处总是那么动人心魄。

做着钟爱的事情，总是更加得心应手，也让我们欲罢不能。不问结果，只想抓住当下的美好，足矣。

3. 不是看到希望才努力，而是不断努力才有希望

你可以失望，但不可以绝望。当你失去希望的时候就去努力，看看是否会有奇迹发生？只要你愿意，没人可以剥夺你努力的权利，除了你自己。

希望不是别人给你的，是你给自己的。

不努力就不会有结果，努力至少有一半成功的概率。你要记住：不是看到希望才努力，而是不断努力才有希望。

800 米体能测试是不少女生的噩梦，对林玥来说更是如此。

“同学们，今天是咱们最后一次练习，周五就要正式开始测验了，希望大家好好准备，争取一次通过。”体育老师说。

这话让林玥很是紧张，自小就没什么运动天赋的她最讨厌上体育课，对她来说，800 米就是一场劫难——合格成绩是 4 分 20 秒，练习了那么多次，她的最好纪录连边儿都挨不上。可要强的她绝对不允许自己挂科，绝对不可以！

还有两天的时间，每天只要有空，她就默默地来到操场，在跑道上一圈又一圈地跑。

4 分 25 秒，这已经是她最好的成绩了。

终于到了考试这一天，老师分组，林玥率先加入第一组。站在起跑线上，她心跳加速，手心也冒汗了。

随着体育老师的口令，林玥跑了出去，一圈，两圈，到第三圈的时候，看着自己要落下了，她给自己打气：无论成绩如何，一定要坚持跑完全程。

她一边平复心情，一边追上大家的脚步，终于在最后一圈如有神助般冲向终点，然后整个人也差点倒下去。

“林玥，4 分 12 秒，过。”

听到体育老师报告自己的成绩，林玥有些恍惚。随后，她激动地大喊：“我过啦，我终于过啦！”她就像个孩子一样，一瞬间有了精气神，活蹦乱跳地转圈圈。

此后，林玥成了体育课上的“励志偶像”。同学们问她是怎么做到的，她说：“我知道这是自己的短板，只有努力才会有希望。大概是努力之后，最后冲刺的一瞬间我有一种小宇宙爆发的感觉，这才一次性通过了。”

这个扎着马尾的微胖女孩凭着一股子韧性，突破了自我。

你看，很多时候不是你不行，而是你觉得自己不行。经过千万分的努力，总会换来那十分的希望和对得起自己的结果。

不是看到希望才努力，而是不断努力才有希望。这是我拆书以来的最大收获，也是在班里总结发言时说过的话。

5 月底，在朋友的引荐下，我进入了“魔鱼智库成长营”。说来惭愧，直到 9 月中旬我才过了自己的第一本书。

要说这其中经历了九九八十一难也不为过。我拿到的书单是一本历史小说，历史本就是我的短板，那本书也没有纸版只能看电子版，这无形中增加了我拆书的难度。

尽管我听过很多相关的课程，可实践起来远比自己想象中的难多了。初次接触拆书，我完全不懂如何拆解、如何提炼主题点、如何抓住读者的兴趣点，我只记得群里的老师说：“先写，写出来。”

光是一篇“预告”我就写了无数次，每次老师的评语都是没有拆书的感觉，像书评、像教科书。就这样反反复复改了四五遍，我还是不得不停下来。我备受打击，有些无从下手，开始怀疑自己是否能拆过这本书？

我不止一遍地问自己：是不是历史这道坎儿就迈不过去了？是不是拆书不适合我？

这时，群里的老师和小伙伴开始给我打气。思考过后，我重整旗鼓，去研究那些成功的稿子。慢慢地，我找到了一点感觉，开始下笔，洋洋洒洒地写了一万多字。怀着忐忑的心情我再次提交了稿件，隔天下午，看到这一次助教老师的评语：“预告和正文（1）写得不错……”

仅仅是这十个字，给了我极大的信心，重燃了我拆书的激情与希望。在这之后，我又改了几稿——与过去相比，现在的我改得很快。

我的心情也变好了：过去我写稿的时候痛苦，改稿的时候也痛苦，似乎整个过程只有痛苦。现在呢，写稿时有小苦，改稿时已经有小甜了，完成时就很有成就感了。

助教老师的批注越来越具体，字数越来越少，这也意味着我有了进步。经过几位助教老师的耐心指导，我的稿子终于提交终审，第一次过了稿。

9 月的一个晚上，班主任在群里上传了过稿名单，看到自己名字的那一瞬间，我百感交集。

通过拆书稿，让我第一次有一种“上天宠儿”的自豪感，就是因为我没放弃，坚持了下来。

想想看，生活里遇到的其他困难不也是一样吗？跟它们死磕，与它们斗争到底，坚持到最后你就赢了。

上天不会辜负任何人的努力，很多事情看似很难，但不是完全不可能——只有去做了，你才能够知道结局。

星星之火，可以燎原。每天我们都在努力做着自己的事，或许一开始毫无希望，但没有谁会轻易放弃——我们努力地向上生长，只是为了看到希望。而有了这种希望，我们会更有动力去走接下来的路。

每当我想要放弃的时候，只要想到世间还有更多比我优秀的人都在努力、都在坚持，我就会鼓足勇气继续前行。努力、不断地努力，你就会在黑洞中找到属于自己的光芒。而它，足以照亮你的全世界。

努力过后未必马上会开花结果，但你所做的，一定会陪你一起走过千山万水。

4. 把一切都折腾成自己喜欢的样子

人们经常这样，小时候总想着长大，长大了又怀念小时候。其实呢，童年有童年的快乐，成年有成年的幸福。

童年的我们无忧无虑，总有数不清的快乐时光；成年的我们多了崩溃而不能落泪的瞬间，也有了抗击风雨的能力，有了实现梦想的机会。

现在，最幸福的时刻便是看着自己的小梦想，经过自己一点一滴的努力，慢慢地有了实现的可能。

最欢喜的事情，莫过于一切都变成了自己憧憬的样子。

回忆近一年的自由职业生涯，我有过焦虑，有过动摇，但快乐也是切切实实的感受。这是我工作以来第一次真正地放飞自我。

选择自由职业，很大一部分原因是原来的工作过于束缚自己，我没有自己的时间，没有生活的主导权。更为重要的是，我很清楚自己的本职工作已经进入了瓶颈期。

虽然做了自由职业之后，我几乎没有休息过一天，可这种为自己工作的快感却是从未有过的。

这一年是个神奇的年份，因为我遇见了生命中太多的“第一次”，用朋友的话说——这种感觉很幸福。

我赚到了第一笔稿费；通过了第一本拆书稿；签下了第一份出版合同；单篇稿费第一次过渡到了 500 元以上；组建了第一个读者群，写下了第一篇原创“10 万 +”的文章……

太多了，我没办法去计算那些幸福的瞬间。我只知道，这一年我见证了自己的飞速成长，有时候连自己都有些不敢相信。

去年 6 月，我的公众号粉丝只是两位数，今年已经发展到四位数，尤其是收获了一拨铁粉。他们不会因为我暂时断更而取关，而是会投来理解的目光，给我加油打气催更，甚至有读者寄来了礼物。

几个月的时间里，我曾经疏导过的读者都迈入了新的阶段，听到他们的好消息，我真替他们开心——他们成长了，我也成长了。这也正是我的初衷，传递我的小确幸，温暖读者，与大家共同进步。

我也曾经有过一段时间的焦虑、纠结，甚至怀疑过当初的这个决定是不是有问题？好在，经过自己一点点的努力，一天天的积累，生活似乎变成了当初我所憧憬的模样。我想，这已经是最好的状态了。

我很开心，很满足。

曾经看过《南方日报》采访的一个女孩大宝的故事。这个女孩，因为一次丽江之旅，开启了她人生的全新征程。

温暖静谧的古城，鸟语花香的客栈，惬意舒适的生活，彻底征服了这个姑娘。在丽江驻足的两个月里，她感受到了烟火气——这才是自己想要的生活。她的脑海里马上萌生出一个想法：怎样才能留在这里？

对，开客栈。但是，钱去哪里凑呢？

当时，大宝手里只有2万多元的存款。她把这个大胆的想法发到微博和朋友圈，没想到得到了很多朋友的支持，甚至有不少同学、同事主动联系她，表示愿意借款给她，最后她居然凑了30多万元。

大宝开始寻找合适的房源，走遍丽江的大街小巷，寻找心目中理想的客栈。几个月后，客栈顺利开张。她请了一位阿姨负责打扫卫生，而日常管理则交给来当地旅行的义工去做。一年下来，她的客栈经营得有声有色，不仅还清了所有借款，还有结余。

随着住店游客的口耳相传，大宝的客栈服务也开始不断升级。如今，大宝已经是两家客栈的老板，爱喝茶的她还与人合伙开了一座茶园。

现在，大宝过上了自己喜欢的生活，在静谧的时光里享受着生活赐予的美好——买菜做饭，闲逛遛狗，与来来往往的客人约茶谈心，倾听一段段有趣的旅行故事。像这样惬意的生活，放在过去她无法想象，如今她做到了。

对于拥有的一切，大宝是欢喜而知足的。

曾经憧憬的事情变成了现实，那是一种什么样的体验？恐怕要你自己去感悟。所以说，人啊，始终要有梦想，哪怕是很小的梦想。

我不想跟你说："没有梦想的人，跟咸鱼没有什么区别。"我只想告诉你，梦想的力量会让你永葆对生命的热情、对生活的希望。尤其当你被生活压得喘不过气的时候，想到梦想，再苦似乎也能够尝到一点甜，而这足以支撑你走完剩下的路。

如果现在的你还有梦想，请试着以自己喜欢的方式去践行。给自己的生活一点养分，可好？

因为热爱，所以奋不顾身。因为欢喜，所以倾注全部。最欢喜的事情，莫过于经过努力，一切都变成了自己所憧憬的模样。

5. 如果结局不好，一定不是最后的结局

对于人生的结局，音乐大师约翰·列侬有着自己独到的见解："一切事情的结局都是美好的，如果不好，那它就不是结局。"

只要故事还在继续，不到最后一刻没人知道真正的结局是什么。所以，如果结局不好，一定不是最后的结局。

窗外，雨淅淅沥沥地下着。

心情再失落，老同学见面总是分外喜悦与亲切。思雨提前到了，点了裴俊喜欢喝的蓝山咖啡，思绪再次回到高中时代。

在队友和老师的帮助下，经过自己的不懈努力，思雨成为学校有史以来第一个拿下信息学奥赛（NOIP）省级一等奖的女生。

值得一提的是，思雨入校成绩不过排在100名之外，除了语文成绩遥遥领先外，其他科目成绩着实一般。班主任甚至一度担心她的高考，哪知她一出手便震惊众人。

程序设计方面，思雨是零基础，但她以自己的独门秘籍攻破

了奥赛难关，一举获得高校保送资格，这样的殊荣怕是曾经的她想都不敢想的。

裴俊来到后，思雨才回过神来。

听到裴俊放弃了读博的机会，思雨惊呆了："什么？我要是有读博的机会，高兴都来不及，你小子居然不要？"

裴俊一脸的无奈，说自己想早点成家立业。思雨也开始说起自己最近的"悲惨遭遇"：她连续被多家公司拒绝，要么不能给她 IT 工程师的职位，要么因为性别直接被拒。

"裴俊，现在我有点后悔了……"

"你是说当初 ×× 大学向你抛出橄榄枝，被你拒绝的那件事？"

意识到自己不是输在能力上，而是败给行业对于女性的区别对待，思雨想想就气愤。她开始思考，如果当时接受 ×× 大学的邀请，结局会不一样吗？

"后悔也没用，况且你也就是说说而已吧？你对 IT 的那股子热情、痴狂，我是自愧不如的，我是真的挺佩服你的。你一个女孩子走到今天已经很不容易了，接下来有什么打算吗？"

思雨本来有些迷茫，可现在听了裴俊的话，她想起自己的初心，就是要将 IT 进行到底——当初咬着牙啃下 IT 这个硬骨头，一路跌跌撞撞走到今天，如果就这么放弃了，她是不甘心的。

或许，当初被拒之后，命运给了她打开未来大门的钥匙。当一个人无路可退的时候，才是她人生开挂的时候——结局不好，不要绝望，也许故事的序幕才刚刚开始，转角就有新的机遇。

三年后，思雨迈入了人生的新阶段，与另一半走入了婚姻的殿堂。

当时，因为感到自己不再适合在国内发展，她毅然决然地选择自费出国留学。在留学的过程中，她遇见了自己的另一半——他们志同道合，彼此理解，走到了一起。

同年，思雨和朋友合伙创业。创业初期虽说艰难，可朝着梦想飞奔的她累并快乐着。在男友的鼓励下，她在这条路上一往无前，越走越远。慢慢地，她的事业开始蒸蒸日上，她和男友就有了结婚的打算，一切似乎刚刚好。

婚礼结束后，俩人回到加拿大定居。

比起之前，思雨的人生似乎又上了一个新台阶。如果当时没有被拒，她可能会留在国内发展，那样会缺少一些机遇，可能她也不会遇到对的他。

我问思雨："是否后悔当初的决定？"

她坚定地回答："无所谓后不后悔，路走到这里了，即使前面有石头挡住了也要想办法搬开。自己选的路，我想一直走下去——选择 IT 这行，我从不后悔，这是我自己的夙愿。"

我想，人生的结局无法预判，一次失败的结果背后可能是一次好的机遇。

回首那些逝去的岁月，我们有过多少次自以为糟糕的结局，但那些都不是终点，只是吹响生命中下一场“攻坚战”的号角。

小升初的时候，以为上不了重点初中会输在起跑线上；初升高的时候，害怕自己上的普通高中会给高考埋下祸患；高考的时候，以为考不上大学自己的人生就会崩盘。

这么多年过去了，我们还不是都好好的？

在一次次披荆斩棘后，我们继续挣扎着砥砺前行。神奇的是，我们的结局越来越好了。毕业后的几次跳槽，可能让你终于搞清楚了自己的定位；与名校研究生擦肩而过，也许让你得到了梦寐以求的名企 Offer；被上段恋情折磨得死去活来的你，走出阴影后反而在转角遇见对的人……

生活从未停止，我们的故事一直在继续，我们的步伐似乎也按照自己的节奏在走。你说结局已定，那是哪一次的结局呢？无论之前的结局如何，接下来的结局由你自己书写，你希望它是什么样的呢？

我说，我不想去预设结局。不停地告别，不停地遇见，拥抱当下的自己，珍惜幸福的每一刻，永葆初心，稳步前行，已经是最好的结局了。

6. 不忘初心，方得始终

初心是什么？

是一切你所坚信并坚持着的梦想或信仰，抑或对真善美的追求。

走着走着，有的人丢掉了初心，偏离了人生轨道。有的人初心不改，因为他们在向着光亮那方前行。

正所谓：不忘初心，方得始终。

当代作家阿来曾经凭借长篇小说《尘埃落定》荣获茅盾文学奖，然而本书的出版却几经波折，幸亏当年他坚持了下来，守住了初心，才成就了自己。

当时的阿来没什么名气，他给各大出版社都投过稿，但没人愿意出版他的作品。退稿的理由主要是图书出版市场化了，希望他可以处理得“通俗”一些。有些出版社不会直接退稿，而是提了很多意见，希望他可以改改。

但阿来说："《尘埃落定》可以改错别字，你可以不出（版），要出（版）就只改错别字，因为我不能保证每个字都能敲对。"

如果当时阿来听从编辑的建议，可能他的书就可以出版了，那他为什么不改呢？我想，这是一个作家的骨气，作家是有灵魂的，要秉持初心。

你看，谁说初心不改，梦想就石沉大海？我说，初心不改，才有未来。

现在这个社会的诱惑太多，别说是初心，有些人连做人最起码的底线都不要了。在这些人的眼里，初心是没用的，因为换不来他们想要的利益。但是，我始终认为，一个人秉持初心才能够走得更远。

尤其在写作这条路上，你通过写作变现没问题，但如果想朝着作家的方向发展，那你的文字必须要有灵魂，也就是说要保持初心。

我的作者群里依然有很多优秀的作者，他们不在乎流量，不在乎稿费的多少，只想一心为读者传递有价值的正能量。或许这样的作者在新媒体时代不够讨喜，但值得尊重。

新媒体时代，作者不需要迎合市场，反而需要引导市场良性发展，而不是被市场推着走。当然，要想实现这个夙愿，需要我们不断地提升自己的能力。随着时间的推移、经验的积累，每个作者都会拥有更多选择平台的权利，去输出自己认可的内容。

在此之前，希望你别丢掉初心，在回报与初心之间做个平衡，至少不要传递负能量、毁三观的内容，因为这是在砸你自己的牌子。

我想，新媒体作者需要做的不是去迎合谁，而是在自己的能力范围内，对文字负责、对读者负责、对自己负责。初心，无论在任何阶段都不能丢掉，那是你的本心。不是吗？

正如董卿在《朗读者》中所说：“初心可能是一份远大的志向，世界能不能变得更好，我要去试试；初心也许是一个简单的愿望，凭知识改变命运，靠本事赢得荣誉。有的初心走着走着丢失了，而有的初心走得再远，我们依然会坚定地去靠近它。孔子说：‘居之无倦，行之以忠。’当有一天，我们会发现，抛开一切世俗的附加，我们所坚守的信念和本心是最为宝贵的，它存在于向善、向美、向真的追求当中。”

我喜欢《朗读者》，大概是被它朴素的初心所打动——用最真挚的情感、最美好的文字抚慰人心。

这个世界太浮躁，我们需要一些干净而温暖的力量。

如果你说自己就是为了挣钱而写作，那么，你赚再多的钱也只能算个商人。因为，没有灵魂的作者写不出有灵性的文字，更别说好作品了。

你写的文字其实就是你个人的写照，你积极阳光，写出来的文章就会照亮目光所及之处。你若是满脑子的利益纷争，那写出来的文字便会充满金钱和欲望的气息。所以，在众多的写作者中，经得住大浪淘沙的一定是秉持初心、永葆灵魂的作者。

文字是有力量的，我真诚地希望每一个作者都能写出有力量的文字，用心中的温暖照亮整个世界。

路可以走得慢一点，步伐可以迈得小一点，但别失掉自己的本心，偏离自己的方向。

坚守初心的人，一定会走得更远。